AF649225

Wissenschaftliche Taschenbücher WTB

Mathematik · Physik

Jean Kuntzmann

Systeme von Differentialgleichungen

Akademie-Verlag · Berlin
Pergamon Press · Oxford
Vieweg + Sohn · Braunschweig

WTB Wissenschaftliche Taschenbücher

ROLF BORSDORF / MANFRED SCHOLZ
Spektroskopische Methoden in der organischen Chemie

WERNER HABERDITZL
Magnetochemie

GERHARD HEBER
Mathematische Hilfsmittel der Physik, Teil I und II

A. A. SOKOLOW
Elementarteilchen

HERBERT GOERING
Elementare Methoden zur Lösung von Differentialgleichungsproblemen

HEINZ AHRENS
Varianzanalyse

HANS JÜRGEN TREDER
Relativität und Kosmos
Raum und Zeit in Physik, Astronomie und Kosmologie

ALBERT EINSTEIN
Grundzüge der Relativitätstheorie

ALBERT EINSTEIN
Über die spezielle und die allgemeine Relativitätstheorie

GÜNTHER LUDWIG
Wellenmechanik. Einführung und Originaltexte

HARRY PAUL
Lasertheorie, Teil I und II

FRANZ RUDOLF KESSLER
Einführung in die physikalischen Grundlagen der Kernenergiegewinnung

EBERHARD HOFMANN
Eiweiße und Nucleinsäuren als biologische Makromoleküle
Dynamische Biochemie, Teil I

D. TER HAAR
Quantentheorie. Einführung und Originaltexte

J. H. SANDERS
Die Lichtgeschwindigkeit. Einführung und Originaltexte

JEAN KUNTZMANN
Unendliche Reihen
Mathematische Hilfsmittel der Physik und Chemie
Mit 94 Übungen und 29 Aufgaben

JEAN KUNTZMANN
Systeme von Differentialgleichungen
Mathematische Hilfsmittel der Physik und Chemie
Mit 88 Übungen und 40 Aufgaben

JEAN KUNTZMANN
Komplexe Veränderliche
Mathematische Hilfsmittel der Physik und Chemie
Mit 90 Übungen und 37 Aufgaben

Vorschau auf die nächsten Bände:

STEPHEN G. BRUSH
Kinetische Theorie, Teil I und II
Einführung und Originaltexte

FERDINAND CAP
Einführung in die Plasmaphysik
I. Theoretische Grundlagen
– insgesamt 3 Bände –

J. A. ROSANOW
Wahrscheinlichkeitstheorie

WTB

BAND 71

Jean Kuntzmann

Systeme von Differentialgleichungen

Mathematische Hilfsmittel der Physik und Chemic

Mit 88 Übungen, 40 Aufgaben und 9 Abbildungen

AKADEMIE-VERLAG · BERLIN

PERGAMON PRESS · OXFORD

VIEWEG + SOHN · BRAUNSCHWEIG

Reihe MATHEMATIK UND PHYSIK

Herausgeber:
Prof. Dr. rer. nat. habil. G. Heber, Dresden
Prof. Dr. phil. habil. W. Holzmüller, Leipzig
Prof. Dr. phil. habil. A. Lösche, Leipzig
Prof. Dr. phil. habil. H. Reichardt, Berlin
Prof. Dr. phil. habil. J. Schintlmeister, Dresden
Prof. Dr. phil. habil. K. Schröder, Berlin
Prof. Dr. phil. habil. K. Schröter, Berlin
Prof. Dr. rer. nat. habil. H.-J. Treder, Potsdam

Verantwortlicher Herausgeber dieses Bandes:
Prof. Dr. G. Heber

Verfasser:
Prof. Dr. Jean Kuntzmann, Grenoble

Titel der Originalausgabe:
SYSTÈMES DIFFÉRENTIELS
Copyright © HERMANN, PARIS 1967

Deutsche Bearbeitung:
Prof. Dr. F. Cap und Mitarbeiter, Innsbruck

1970
Copyright © der deutschen Ausgabe 1970
by Friedr. Vieweg + Sohn GmbH, Verlag, Braunschweig
Lizenznummer: 202 · 100/571/70
Herstellung: VEB Druckhaus „Maxim Gorki", 74 Altenburg
Bestellnummer: Akademie-Verlag 7071 · ES 19 B 1, 18 B 1
Pergamon Press 08 017560 0
Vieweg + Sohn 6071
Printed in German Democratic Republic
EDV 761 361 3

Vorwort

Der Leser, der unser Buch *Techniques mathématiques de la physique* kennt, wird im vorliegenden Werk eine vertraute Welt wiederfinden.

Für die übrigen Leser wollen wir unsere Gedanken über die Darstellung der Mathematik zum Gebrauch für Physiker und Chemiker nochmals darlegen.

Für diese ist die Mathematik ein Hilfsmittel, das sie kennen und richtig anwenden lernen müssen. Dieser Leitgedanke unterscheidet das Buch von manchen mathematischen Werken, die für Mathematiker geschrieben sind, und in denen die Mathematik um ihrer selbst willen behandelt wird.

Zwischen den bis ins kleinste verfeinerten Begriffen und den allgemeinen Problemen, denen sich der Mathematiker vom klassischen Stil widmet, und den Begriffen und Problemen, die der Praktiker benötigt, liegt in Wirklichkeit ein tiefer Abgrund. Wir bedauern dies und hoffen, daß die Entwicklung der angewandten Mathematik schließlich die Mathematiker wieder zu einer ausgewogeneren Beurteilung ihrer Disziplin führen wird. Wir sind persönlich davon überzeugt, daß die angewandte Mathematik ebensoviel oder noch mehr Gelegenheit bietet, richtig denken zu lernen, wie auf der Ebene der Abstraktion Gelegenheit hierzu vorhanden ist.

Unser Standpunkt trennt uns aber auch von solchen von Praktikern geschriebenen Werken, in denen die Leitgedanken zu oft der sofortigen Anwendung geopfert werden. Wirksamkeit auf lange Sicht verlangt oft ein wenig interessantes Studium der notwendigen Hilfsmittel.

Seit dem Erscheinen unseres vorausgehenden Buches hat der Unterricht in den Mittelschulen eine erfreuliche Entwicklung durchlaufen, wenn auch einige Fehlleistungen wieder gut gemacht werden müssen. Aber auch das höhere Studium bedarf einer Reform.

Das umfangreiche Werk von achthundert Seiten wurde in mehrere Bände unterteilt.

Der vorliegende Band ist der mathematischen Ausbildung im zweiten Jahre des ersten Studienabschnittes gewidmet. Wir haben versucht, den Studenten, von denen viele in diesem Studienabschnitt bereits ihre mathematischen Studien beenden, ein Wissensgut als kohärentes Ganzes zu übermitteln, indem wir den darzustellenden Stoff von Grund auf behandelt haben. Wo es anging, haben wir auf ein höheres Studium verwiesen. Daraus ergibt sich, daß das Niveau dieses Werkes im allgemeinen niedriger ist als das seines Vorgängers *Techniques mathématiques de la physique*.

Der vorliegende Band enthält genügend theoretischen Unterbau. Eine vollständige mathematische Darstellung würde viel mehr Platz benötigen, als uns zur Verfügung stand, und vom Leser unnötige Anstrengungen verlangen, um so mehr, als er den Problemen, die es aufzuzeigen gälte, in der praktischen Anwendung der Theorie nicht begegnet. Wir sind den Schwierigkeiten dadurch aus dem Weg gegangen, daß wir nicht Theoreme, sondern Regeln für die Praxis formuliert haben. Ein Ausdruck wie „man kann annehmen, daß“ bedeutet, daß sich die darauf folgenden Eigenschaften, ohne im mathematischen Sinn bewiesen zu sein, in allen Situationen, denen ein Physiker begegnet, als vorhanden erweisen.

Wir verwenden eine jetzt in der „modernen“ Mathematik gebräuchliche Sprache, sofern sich dies als nützlich erweist. Wir befinden uns in einer Periode, wo diese Bezeichnungen, nachdem sie ihr „Bürgerrecht“ erworben haben, ihren rechten Platz an der Seite anderer und älterer Vereinbarungen finden sollten. Wir haben dort, wo uns die Sprache unklar und verbesserungsfähig erschienen ist, einige Neuerungen aufgenommen. Einige Ausführungen zu diesem Punkt findet man unmittelbar im Anschluß an das Vorwort. Einige Ausdrücke wurden auch aus den Programmiersprachen wie ALGOL entliehen.

Zu Beginn jedes Kapitels findet man eine Übersicht über dessen Inhalt. Daneben ist angegeben, welche Kenntnisse vorausgesetzt werden.

Das Buch enthält Übungen und Aufgaben. Die Übungen wurden eingestreut und sollen dem Studierenden das Erlernen des eben Gelesenen erleichtern. Es handelt sich dabei entweder um unmittelbare Anwendungen oder um Fragen, die der Student nach der Lektüre des Textes sich selber stellen sollte. Viele davon sind bereits in dem Buch *Techniques mathématiques de la physique* enthalten.

Die Aufgaben am Schluß des jeweiligen Abschnittes sind länger und schwieriger. Zum Teil werden zu ihrer Lösung Ergebnisse aus früheren Kapiteln benötigt. Dadurch kann sich der Studierende vergewissern, ob er die bereits erworbenen Ergebnisse wohl zur Verfügung hat.

Der Autor schuldet den Mitgliedern der Abteilung für Angewandte Mathematik der Naturwissenschaftlichen Fakultät von Grenoble großen Dank. Insbesondere entstammen die Aufgaben dem Bestand an Übungsaufgaben, die von Assistenten und Lehrbeauftragten im Laufe der letzten zwanzig Jahre gesammelt wurden.

Inhaltsverzeichnis

Kapitel III: Lineare Differentialgleichungssysteme

Bezeichnungen

Wir verwenden in diesem Buch einige weniger verbreitete Bezeichnungen, die wir jedoch für günstig halten. Allein die Erfahrung wird zeigen, ob es sich lohnt, diese Bezeichnungen beizubehalten.

Das Symbol $\stackrel{\text{def}}{=}$ dient zur Einführung der Definition eines neuen Begriffes. Das Symbol, das den zu definierenden Begriff darstellt, steht links davor. Die Definition wird rechts daneben gesetzt. Sie soll von einem Studenten verstanden werden können, wenn er den Stoff der vorausgesetzten Lektüre und die in diesem Buch bereits früher eingeführten Begriffe kennt.

Beispiel: $f'(x) \stackrel{\text{def}}{=} \lim\limits_{h \to 0} \dfrac{f(x+h) - f(x)}{h}$.

Das Symbol $\stackrel{\text{def}}{=}$ wird nur für Definitionen verwendet, die von bleibendem Interesse sind.

Das aus der Programmiersprache ALGOL entliehene Symbol $:=$ dient zur Festlegung eines Namens, den man zu verwenden beabsichtigt. Der Name wird links davor geschrieben. Er soll als unteilbares Ganzes betrachtet werden. Die Bedeutung, die dem Namen zuzuschreiben ist, steht rechts von dem Symbol. Die Bedeutung soll für den Leser klar sein.

Beispiel: $D := b^2 - 4ac$.

Derartige Bezeichnungen sind im allgemeinen auf die Untersuchungen beschränkt, in denen sie eingeführt wurden.

Das Symbol $:=$ dient auch zur Wertzuweisung an eine bereits eingeführte Variable.

Beispiel: Man setze $x := 0$.

Das Zeichen $=$ wird in allen übrigen Fällen verwendet, besonders zum Ausdruck der Gleichheit zweier Ausdrücke, in denen alle Terme definiert sind, sowie zur Aufstellung von Gleichungen.

Bezüglich der Quantoren halten wir uns an die folgenden Regeln: Die Quantoren beziehen sich stets auf die Elemente von Mengen, die von übergeordnetem Interesse sind (am häufigsten sind dies die Mengen $\boldsymbol{N}, \boldsymbol{Z}, \boldsymbol{Q}, \boldsymbol{R}, \boldsymbol{C}$). Auf einen Quantor, oder auf mehrere Quantoren, folgt ein Klammerpaar, das den logischen Ausdruck enthält, auf den der Quantor sich bezieht (dieser Ausdruck darf selbst wieder einen Quantor enthalten).

Klammern dienen meist diesen, in einigen Ausnahmefällen auch anderen Zwecken.

Beispiel: Die Existenz eines Nachfolgers in $\boldsymbol{N}$ drückt man so aus: $\forall x[x \neq 0 \Rightarrow \exists y[y < x]]$. Zur Deutung dieser Schreibweise erinnere man sich, daß eine Implikation mit falscher Prämisse stets wahr ist.

$$x \neq 0 \Rightarrow \exists y[y < x]$$

ist also wahr

für $x := 0$, weil die Prämisse falsch ist,
für $x \neq 0$, da man $y := 0$ oder $y := x - 1$ setzen kann.

In $\boldsymbol{R}$ definiert man die Stetigkeit in x_0 durch

$$\varepsilon \in \boldsymbol{R}^+, \qquad \eta \in \boldsymbol{R}^+$$
$$\forall \varepsilon \exists \eta \forall x[|x - x_0| < \eta \Rightarrow |f(x) - f(x_0)| < \varepsilon].$$

Schreibweisen wie

$$\forall x \in \boldsymbol{R}, \qquad x^2 \geqq 0,$$

welche die Aufmerksamkeit auf mehrere Mittelpunkte des Interesses zerstreuen und die Universalität des

Quantors $\forall$ verletzen, sind zu vermeiden. Wir ziehen eine der beiden folgenden Schreibweisen vor:

In $\boldsymbol{R}$ gilt

$$\forall x[x \geqq 0].$$

In $\boldsymbol{C}$ gilt

$$\forall x[x \in \boldsymbol{R} \Rightarrow x^2 \geqq 0].$$

Man bemängelt öfters an Studierenden, daß sie mathematische Symbole außerhalb der mathematischen Formeln benutzen. Das ist tatsächlich ein Sprachmißbrauch. Man wehre sich mit Recht gegen Formulierungen wie

$$\text{Ich} + \text{Er} > \text{als Du}.$$

Im Gegensatz dazu halten wir es manchmal besonders bei logischen Ausdrücken für bequem, sorgsam ausgewählte Worte der Umgangssprache zu verwenden. Dies gestattet es oft, schwerfällige und unklare Formulierungen zu vermeiden. Wir finden es zum Beispiel bequem zu schreiben:

In der Menge der über dem Intervall $[a, b]$ definierten Funktionen f gilt

$$f \text{ stetig} \Rightarrow f \text{ integrierbar}.$$

Eine vollständige Formulierung wäre hier möglich, jedoch sicher weniger klar.

Für eine Abbildung schreiben wir

$$y \xleftarrow{f} x,$$

d. h., wir schreiben die Beziehung von rechts nach links und nicht umgekehrt. Man erkennt, daß dabei die Reihenfolge der Buchstaben in $y = f(x)$ berücksichtigt wird. Dabei wird besonders die Anomalie in der Schreibweise

$$x \xleftarrow{f} y \xleftarrow{g} z \qquad \text{und} \qquad x \xleftarrow{g \circ f} z$$

vermieden. Wir schreiben dafür viel natürlicher

$$z \xleftarrow{g} y \xleftarrow{f} x \qquad \text{und} \qquad z \xleftarrow{g \circ f} x.$$

Die Buchstaben bleiben dabei in derselben Reihenfolge.

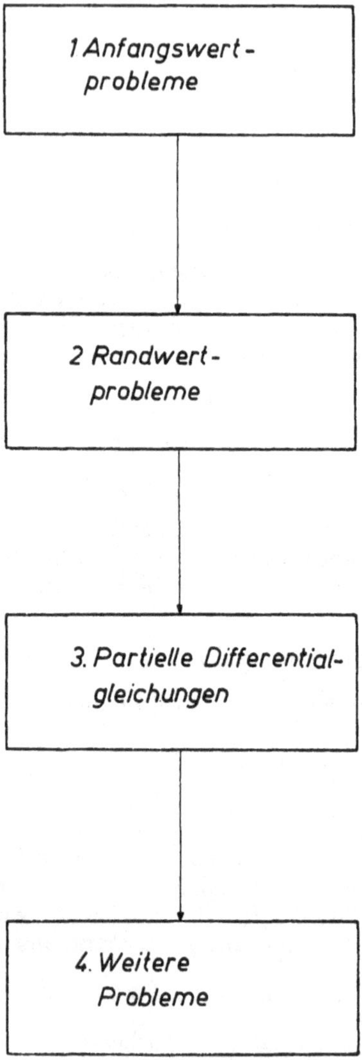
1 Anfangswert-
probleme
2 Randwert-
probleme
3. Partielle Differential-
gleichungen
4. Weitere
Probleme

KAPITEL I

Mathematische Formulierung der Probleme

1.1. Die einzelnen Schritte bei der mathematischen Behandlung eines physikalischen oder technischen Problems

Die mathematische Behandlung eines physikalischen oder technischen Problems ist eine schwierige Aufgabe. Sie erfordert die Verbindung zweier verschiedener Bereiche, des Bereichs der zu untersuchenden Phänomene und des Bereichs der mathematischen Begriffe. Die Arbeit umfaßt gewöhnlich die folgenden Phasen:

1. Wahl eines Bezugssystems, der unabhängigen Variablen und der unbekannten Funktionen.
2. Aufstellen der Gleichungen. Diese sind im wesentlichen die Übersetzung physikalischer Gesetze.
3. Umformung und Studium der erhaltenen Gleichungen. In günstigen Fällen führt diese Arbeit zur expliziten Darstellung der unbekannten Größen.
4. Interpretation der mathematischen Ergebnisse durch Vergleich mit der Erfahrung.

1.2. Plan für dieses Kapitel

In diesem Kapitel interessieren wir uns für die Punkte 1 und 2 der obigen Aufzählung. Punkt 3 erfordert die eigentliche Mathematik. Punkt 4 stellt die Arbeit des Experimentalphysikers dar.

Wir wollen vorerst eine allgemeine Bemerkung über die Verwendung mathematischer Hilfsmittel in der Physik anführen.

1.3. Mathematisches Modell

Ein korrekter Standpunkt hinsichtlich der Verwendung mathematischer Hilfsmittel in der Physik liegt dann vor, wenn man sorgfältig zwischen den wirklichen Phänomenen, die man untersuchen will, und den Gleichungen und deren Lösungen, mit deren Hilfe man die Untersuchung vornimmt, unterscheidet. Die Gleichungen und ihre Lösungen bilden ein *mathematisches Modell*, das unabhängig von den Phänomenen seine eigene Logik besitzt. Das mathematische Modell ist *adäquat*, wenn die Folgerungen, die man daraus ziehen kann, hinreichend genau mit den beobachteten Phänomenen übereinstimmen. Insbesondere kann es für dasselbe Phänomen mehrere Modelle geben, die sich auf völlig verschiedene Grundgedanken stützen.

Ein Modell kann mehr oder weniger grob sein. Mit gewissen Modellen zum Beispiel erfaßt man nur qualitative Eigenschaften von Phänomenen.

1.4. Eine wichtige Unterscheidung

Das mathematische Modell ist mit dem Phänomen nur durch die gewünschte Ähnlichkeit verbunden. Es ist inkorrekt und gefährlich, das Studium des Modells mit einzelnen Schritten der experimentellen Arbeit zu vermengen (außer es handelt sich um die Ermittlung von noch nicht genügend präzisierten Angaben).

Nehmen wir an, es handle sich um ein Modell, das aus einer Differentialgleichung zweiter Ordnung besteht und das Energieprinzip der Physik beschreiben soll. Es können mehrere Fälle eintreten:

— in dem gegebenen Modell läßt sich eine Energie definieren und zeigen, daß sie erhalten bleibt. In diesem Fall ist es nicht nötig, das Prinzip von der Energieerhaltung hinzuzunehmen;

— der erste Fall tritt nicht ein. Man hat dann ein neues Modell:

Differentialgleichung + Energieerhaltung.

Dabei ist die Wahrscheinlichkeit sehr groß, daß dieses Modell nicht widerspruchsfrei ist, so daß man daraus jede beliebige Aussage ableiten kann.

1. Anfangswertprobleme

Wir behandeln vorerst einige Beispiele, die dem Leser sicher bereits bekannt sind.

2.1. Das Torsionspendel (Abb. 1)

Ein fester Körper S soll nur um die Achse OO' Schwingungen ausführen können. Bezüglich dieser Achse sei sein Trägheitsmoment I.

Die am Körper angreifende rückdrehende Kraft ist proportional dem Drehwinkel θ (von einer gewissen Anfangsposition aus gezählt). Die Reibungskraft ist proportional der Winkelgeschwindigkeit.

Wahl der unabhängigen Variablen. Die einzige unabhängige Variable ist die Zeit t.

Wahl der unbekannten Funktionen. Die Lage des Systems ist eindeutig durch den Drehwinkel von einer Anfangslage aus bestimmt. Das Problem besteht somit in der Bestimmung der Funktion $\theta(t)$.

Formulierung der physikalischen Gesetze. Wir haben den physikalischen Sachverhalt auszudrücken, daß die zeitliche Ableitung des Drehimpulses um OO' gleich der Summe der angreifenden Kraftmomente ist:

$$I \frac{d^2\theta}{dt^2} = \sum_i C_i .$$

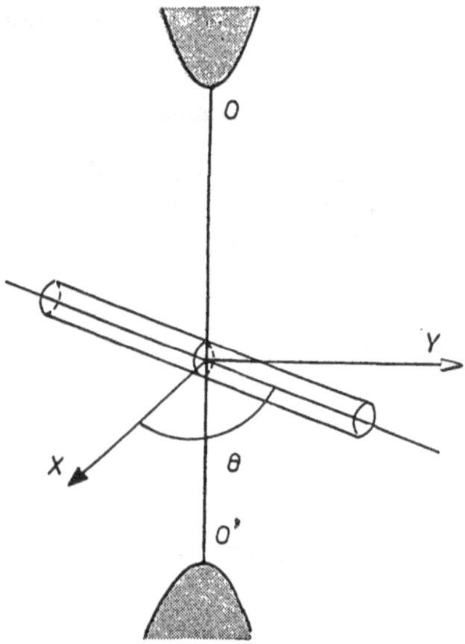

Abb. 1

Auf den Körper wirken zwei Kräftepaare:

ein Paar von Reibungskräften, die proportional der Winkelgeschwindigkeit sind:

$$C_1 = -f\frac{d\theta}{dt};$$

ein Paar rücktreibender Kräfte, hervorgerufen durch die Torsion des Aufhängefadens.

Wir nehmen an, daß der Ursprung von θ durch jene Lage gegeben ist, für die dieses Kräftepaar Null ist:

$$C_2 = -C\theta.$$

Durch Einsetzen der Werte von C_1 und C_2 erhält man

$$I\frac{d^2\theta}{dt^2} = -f\frac{d\theta}{dt} - C\theta$$

oder

$$I\frac{d^2\theta}{dt^2} + f\frac{d\theta}{dt} + C\theta = 0. \tag{1}$$

Dies ist eine *Differentialgleichung*, d. h. eine Beziehung zwischen der unbekannten Funktion einer Variablen $\theta(t)$ und ihren Ableitungen.

2.2. *Die Bedeutung des Vorzeichens der Koeffizienten*

Man erkennt, daß die drei Koeffizienten, die in diese Gleichung eingehen, positiv sind. Der Mathematiker bezeichnet alle Gleichungen der Form

$$a\theta'' + b\theta' + c\theta = 0$$

als die Klasse der linearen und homogenen Differentialgleichungen zweiter Ordnung mit konstanten Koeffizienten. Für den Physiker haben Gleichungen wie

$$\begin{aligned} &\theta'' - 3\theta' + 2\theta = 0 \\ &\theta'' + 3\theta' + 2\theta = 0 \\ &\theta'' \qquad\quad + \theta = 0 \\ &\theta'' + \theta' + \theta = 0 \end{aligned}$$

Lösungen, deren Verhalten äußerst unterschiedlich ist. Die Lösungen der ersten Gleichung nehmen exponentiell zu, die der zweiten gehen gegen 0. Die Lösungen der dritten oszillieren ohne Dämpfung, die der vierten Gleichung oszillieren mit Dämpfung.

3.1. *Anfangsbedingungen*

Eine Differentialgleichung der Art, wie wir sie eben angeschrieben haben, besitzt unendlich viele Lösungen. Unter gegebenen äußeren Bedingungen erzeugt die Natur nicht mehrere verschiedenene Phänomene gleichzeitig. Der Physiker folgt diesem Prinzip und interessiert sich hauptsächlich für *eine* partikuläre Lösung. Eine solche Lösung ist durch Bedingungen vom folgenden Typ charakterisiert:

$$\theta(t_0) = \theta_0$$

(zum Zeitpunkt t_0 ist der Körper S in der durch den Winkel θ_0 festgelegten Position),

$$\theta'(t_0) = \omega_0$$

(zum Zeitpunkt t_0 besitzt der Körper S die Winkelgeschwindigkeit ω_0).

Gesucht ist die Bewegung des Körpers im Zeitintervall $t \in [t_0, \infty)$.

Das Problem, das durch die Differentialgleichung des Torsionspendels und die beiden obigen Anfangsbedingungen gegeben ist, ist ein *Anfangswertproblem*. Wir werden solche Probleme im folgenden Kapitel untersuchen und werden sehen, daß das obige Problem *wohl definiert* ist und daher eine eindeutige Lösung besitzt.

Übung 1. Man wiederhole die mathematische Formulierung unter der Annahme, daß die Drehachse horizontal liegt, daß das Gewicht des Körpers nicht vernachlässigbar ist und daß dessen Schwerpunkt nicht auf der Drehachse liegt.

4.1. Gekoppelte elektrische Stromkreise (Abb. 2)

Wir betrachten die beiden Stromkreise in Abb. 2. L_1, L_2 bezeichnen die Induktivitäten, R_1, R_2 die Ohmschen Widerstände. M ist der Koeffizient der Wechselinduktion. Im ersten Stromkreis wirke eine gegebene elektromotorische Kaft $E(t)$. Die Stromstärken werden mit i_1 und i_2 bezeichnet.

Hier benötigt man eine einzige Variable t und zwei unbekannte Funktionen $i_1(t)$ und $i_2(t)$. Diese zwei Funktionen genügen den folgenden Beziehungen:

$$\begin{aligned} L_1 \frac{di_1}{dt} + M \frac{di_2}{dt} + R_1 i_1 &= E(t), \\ M \frac{di_1}{dt} + L_2 \frac{di_2}{dt} + R_2 i_2 &= 0. \end{aligned} \tag{2}$$

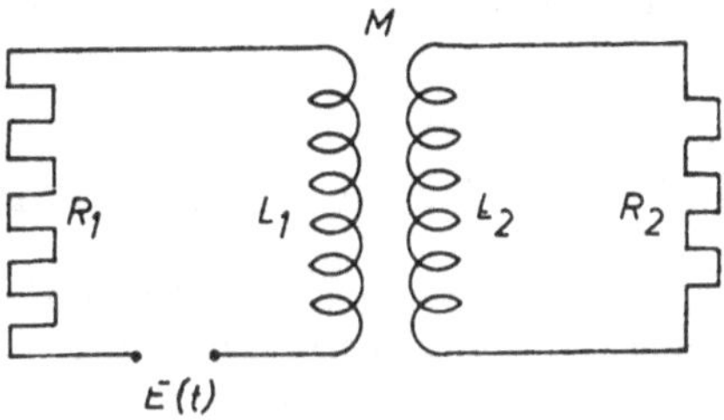

Abb. 2a

Jede dieser Gleichungen besagt, daß die angelegte elektromotorische Kraft (rechte Gleichungsseite) gleich der Summe der Spannungsabfälle an den Widerständen (Ri-Terme), der Selbstinduktivitäten ($L\,di/dt$-Terme) und der Wechselinduktivität ($M\,di/dt$-Terme) ist.

Die beiden Bedingungen bilden ein Differentialgleichungssystem.

Um eine partikuläre Lösung zu bestimmen, muß hier

$$\begin{aligned} i_1(t_0) &= i_1, \\ i_2(t_0) &= i_2 \end{aligned} \tag{3}$$

gegeben sein. Gesucht ist das Verhalten des Systems für $t \in [t_0, \infty)$.

Das Differentialgleichungssystem (2) bestimmt zusammen mit den Anfangsbedingungen (3) ein Anfangswertproblem. Wir werden im nächsten Kapitel sehen, daß dieses Problem gewöhnlich wohl definiert ist.

Übung 2. a) Man formuliere das Problem unter der Annahme, daß die Selbstinduktion durch eine beiden Stromkreisen gemeinsame Spule gegeben ist.

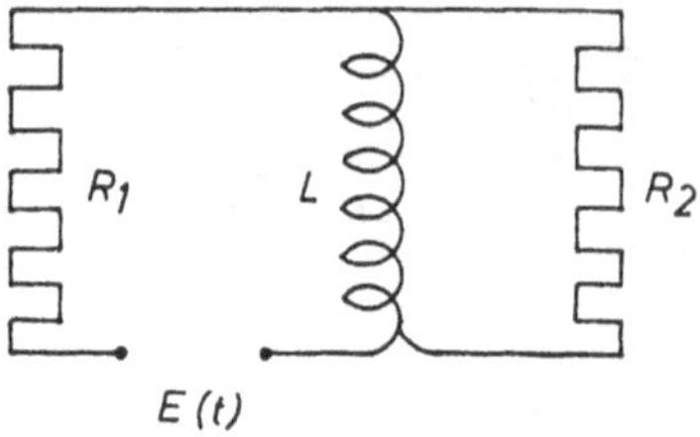

Abb. 2 b

b) Läßt sich dieser Fall als Spezialfall des früheren auffassen?

Übung 3. Ein System besteht aus zwei Massen m und m', die sich nur auf dem Geradenstück zwischen A und B bewegen können, und den drei masselosen Federn r_1, r_2 und r_3, die der Reihe nach den Punkt A mit m, m mit m' und m' mit Punkt B verbinden. Man bestimme die Gleichungen, welche die Schwingungen dieses Systems beschreiben. Welche Anfangswerte hat man vorzugeben, damit das Problem eindeutig bestimmt ist?

Übung 4. Eine konische Küvette enthalte eine Flüssigkeitsmenge, die von einer Quelle konstanter Ergiebigkeit genährt wird. Die Flüssigkeit verdunstet zum Teil (die pro Zeiteinheit verdunstete Flüssigkeitsmenge ist proportional deren Oberfläche). Man stelle die Gleichung für die Flüssigkeitshöhe als Funktion der Zeit auf.

4.2. Elektronenbahnen in einer Elektronenlinse

Das folgende Beispiel für die mathematische Formulierung eines Problems zeigt kompliziertere Struktur. Im Laufe der Rechnung werden Approximationen zugelassen.

Die Äquipotentialflächen eines elektrischen Feldes mit

dem Potential V seien Rotationsflächen mit der Achse Ox. Ein Elektron mit der Ladung e und der Masse m bewege sich in einer Meridianebene (Abb. 3). Mit r werde sein Abstand von der x-Achse bezeichnet.

Man benötigt eine unabhängige Variable, nämlich die Zeit t, und zwei unbekannte Funktionen $x(t)$, $r(t)$. r und seine Ableitung r' werden als klein im Vergleich zu x' vorausgesetzt.

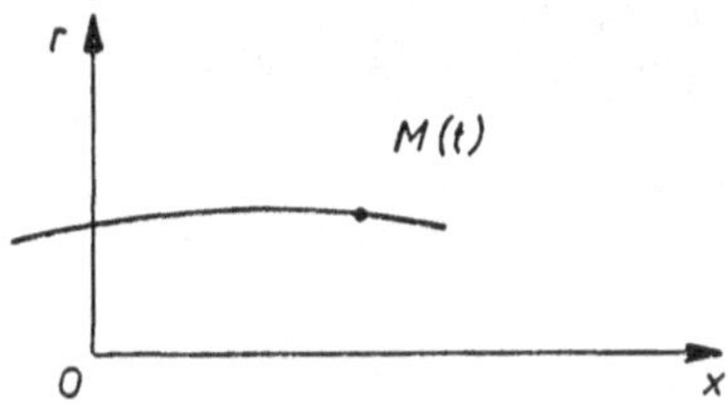

Abb. 3

Das Elektron gehorcht der Bewegungsgleichung

$$m\gamma = \mathfrak{F}.$$

Die Kraft $\mathfrak{F}$ ist durch $-e\mathfrak{E}$ gegeben ($\mathfrak{E}$ elektrostatisches Feld). Nimmt man davon die Komponenten in Richtung der x-Achse und senkrecht dazu, so ergibt sich

$$mx'' + eE_x = 0, \tag{1}$$

$$mr'' + eE_r = 0. \tag{2}$$

Aus diesen beiden Gleichungen erhält man durch Multiplikation mit x' bzw. r' und Addition:

$$m(x'x'' + r'r'') + e(E_x x' + E_r r') = 0.$$

Bekanntlich gilt

$$E_x = -\frac{\partial V}{\partial x}, \qquad E_r = -\frac{\partial V}{\partial r},$$

$$\frac{1}{2} m(x'^2 + r'^2) - eV = \text{const}.$$

Man setzt voraus, daß im Unendlichen gilt $x' := r' := V := 0$. Daraus folgt, daß die Konstante Null ist. Wir vernachlässigen darüber hinaus r' gegen x' und schreiben mit $\varphi(x) := V(x, 0)$

$$\frac{1}{2} m \left(\frac{dx}{dt}\right)^2 = e\varphi(x). \tag{1'}$$

In der Feldtheorie beweist man weiter, daß für kleine r

$$E'_r = \frac{r}{2} \left(\frac{\partial^2 V}{\partial x^2}\right)_{r := 0} = \frac{r}{2} \varphi''(x)$$

gilt.

Wir ersetzen die Gleichung (2) durch

$$m \frac{d^2 r}{dt^2} + \frac{er}{2} \varphi''(x) = 0. \tag{2'}$$

Die Gleichungen (1′) und (2′) bilden ein System von Differentialgleichungen, das wir als mathematisches Modell für das Phänomen betrachten. Man erkennt, daß es in diesem Modell eine Energie gibt. Diese ist jedoch nicht, wie man glauben möchte, gleich

$$\frac{1}{2} m \left[\left(\frac{dx}{dt}\right)^2 + \left(\frac{dr}{dt}\right)^2\right] - e\varphi(x), \tag{3'}$$

sondern gleich

$$\frac{1}{2} m \left(\frac{dx}{dt}\right)^2 - e\varphi(x).$$

Durch Vergleich mit (3′) folgert man

$$\frac{dr}{dt} = 0$$

und daraus

$$\frac{d^2 r}{dt^2} = 0 \quad \text{und} \quad r = 0 \quad \text{oder} \quad \varphi''(x) = 0 \quad \text{oder} \quad e = 0.$$

Man sieht, daß die unüberlegte Hinzunahme von Elementen zu einem Modell, die diesem fremd sind, zu unerwarteten Ergebnissen führen kann.

4.3. Untersuchung der Bahnkurven

In Wirklichkeit ist das Berechnen des Ortes eines Elektrons als Funktion der Zeit sehr schwierig, es verdient jedoch nur sekundäres Interesse. Im Gegensatz dazu wünscht man, die Bahnkurven zu bestimmen. Man versucht dazu, die Zeit t zu eliminieren, und nur eine Beziehung zwischen r und x zu erhalten.

Aus (1′) erhält man

$$\frac{dx}{dt} = \sqrt{\frac{2e\varphi(x)}{m}},$$

$$\frac{dr}{dt} = \frac{dr}{dx}\sqrt{\frac{2e\varphi}{m}},$$

$$\frac{d^2r}{dt^2} = \frac{2e\varphi}{m}\frac{d^2r}{dx^2} + \frac{e}{m}\frac{dr}{dx}\varphi'.$$

Daraus ergibt sich die endgültige Gleichung

$$4\varphi(x)\frac{d^2r}{dx^2} + 2\varphi'(x)\frac{dr}{dx} + r\varphi'' = 0. \tag{4}$$

Das ist die Differentialgleichung der Bahnkurven des Elektrons. Der Bequemlichkeit halber führt man die folgende Transformation durch:

$$z := \varphi^{1/4} r.$$

Damit erhält man

$$z'' + \frac{3}{16} z \left(\frac{\varphi'}{\varphi}\right)^2 = 0.$$

Gewöhnlich studiert man die Bahnkurven, die von einem gegebenen Punkt ausgehen und dort eine gegebene Tangente besitzen. Es handelt sich also wieder um ein Anfangswertproblem.

Übung 5. Menschen und Tiere leben im gleichen Land. Für die menschliche Bevölkerung sind die Vermehrungsrate (pro Kopf) und die Sterblichkeitsrate (pro Kopf) gegebene Konstante n_1, m_1. Die Zahl der während einer bestimmten Periode von wilden Tieren getöteten Menschen ist proportional der Anzahl der Tiere (Koeffizient k). Die Vermehrungsrate und die Sterblichkeitsrate (pro Kopf) für die Tiere sind gegebene Konstante n_2, m_2. Die Zahl der während einer gegebenen Periode getöteten Tiere ist proportional dem Quadrat ihrer Anzahl (Koeffizient φ). Man stelle die Gleichungen für die Evolution der beiden Bevölkerungen auf.

Aufgabe 1

a) Ein Massenpunkt bewegt sich auf einer Vertikalen in einem Medium, das auf ihn einen dem Quadrat der Geschwindigkeit proportionalen Widerstand ausübt. Man bestimme die Differentialgleichung, welche die Bewegung des Punktes beschreibt. Läßt sich eine Formulierung finden, die ebenso gilt, wenn der Punkt sich nach oben bewegt, wie wenn er sich nach unten bewegt?

b) Enthält die Gleichung Spezialfälle, in denen sie integrierbar ist? Man führe die Rechnung vollständig durch.

c) Man gebe die analogen Gleichungen für den Fall der Bewegung in einer Ebene an.

d) Man setze $u := x'$, $v := y'$. Man bringe die Differentialgleichung auf eine Form, bei der nur u und v vorkommen (wobei eine davon als unveränderliche Variable zu nehmen ist).

e) Man forme diese neue Gleichung durch Einführung von Polarkoordinaten in der uv-Ebene um. Man zeige, daß alle Glieder dieser Gleichung dieselbe physikalische Dimension besitzen.

Aufgabe 2

In einem mit der Erde fest verbundenen Bezugssystem tritt eine zusätzliche mechanische Kraft, die Corioliskraft, auf, die für einen Massenpunkt m mit der Geschwindigkeit v durch $-2m\vec{\omega} \wedge \mathfrak{v}$ gegeben ist. $\vec{\omega}$ ist parallel zur Polachse und dem Betrag nach gleich der Rotationsgeschwindigkeit der Erde.

a) Man schreibe die Bewegungsgleichung eines Massenpunktes in einem mit der Erde verbundenen Bezugssystem an (x-Achse und y-Achse in der Äquatorebene, z-Achse in der Polachse). Die Schwerkraft ist $\dfrac{K}{x^2 + y^2 + z^2}$.

b) Gibt es eine Bewegung, bei der eine der Koordinaten Null bleibt?

c) Man formuliere die Bewegungsgleichung neu, diesmal in einem Bezugssystem mit dem Ursprung in einem Punkt der Erdoberfläche M mit der geographischen Breite λ, dessen Achsen in Richtung Süden, Osten und zum Zenit gelegen sind. Man nehme an, daß die Amplitude der Bewegung klein genug ist, so daß die Änderung von g vernachlässigt werden darf. Ist es notwendig anzunehmen, daß auch die Änderung von λ vernachlässigbar ist?

d) Kann man von einer Formulierung der Gleichung zur anderen übergehen?

e) Man betrachte eine Bewegung von der Art, wie sie unter c) beschrieben wurde, bei der die Anfangsgeschwindigkeit in einer Meridianebene liegt. Man gebe eine endliche Entwicklung der Lösung nach Potenzen von ω an (diese Größe läßt sich tatsächlich als klein betrachten). Man schreibe also

$$X = \overline{X} + \omega\overline{\overline{X}}$$
$$Y = \overline{Y} + \omega\overline{\overline{Y}}$$
$$Z = \overline{Z} + \omega\overline{\overline{Z}}\,.$$

f) Darf man unter Berücksichtigung des Vorausgehenden zur Untersuchung dieses Falles das System vereinfachen zu

$$\begin{aligned} mX'' &= 0 \\ mY'' &= -2m\omega\,(\cos\lambda\, Z' \sin\lambda\, X') \\ mZ'' &= -mg\,. \end{aligned}$$

Gilt das auch noch, wenn die Anfangsgeschwindigkeit eine beliebige Richtung besitzt und wenn man sich für

α) die Bewegung,

β) die Abweichung von der ursprünglichen Meridianebene interessiert?

Aufgabe 3

a) Man betrachte eine Familie von n radioaktiven Elementen, die untereinander nach dem folgenden Gesetz in Wechselwirkung stehen: Das i-te Element verliert in der Zeit dt einen Bruchteil $k_i\,dt$ seiner Masse und entsteht aus einem Bruchteil $k_{ij}\,dt$ des j-ten Elementes.

Man stelle ein System von Differentialgleichungen auf, die diesen Vorgang beschreiben.

b) Welche Art von Bedingungen hat man vernünftigerweise zu stellen, um ein gegebenes Experiment und seinen Verlauf zu charakterisieren?

c) Gibt es eine Systemkonfiguration, bei der die Anteile der einzelnen Elemente stets gleich groß bleiben? Auf welchen Problemtyp stößt man dabei?

2. Randwertprobleme

5.1. *Temperaturverteilung in einer Mauer*

Wir betrachten eine Mauer, d. h. den Raumteil zwischen den zwei Ebenen $x := 0$ und $x := l$. Abb. 4 zeigt einen Querschnitt.

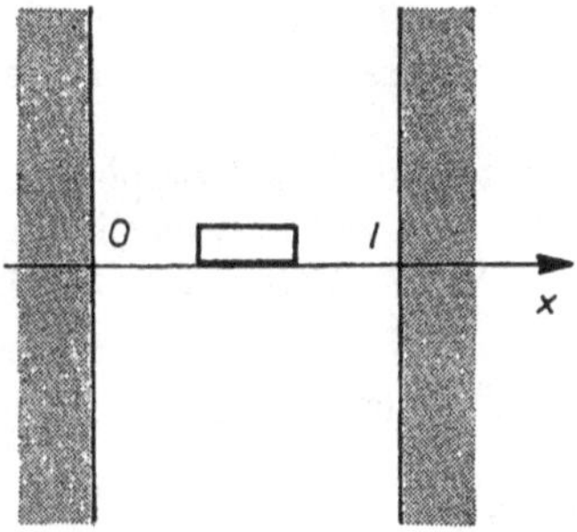

Abb. 4

Es wird angenommen, daß an jeder Stelle der Oberfläche die gleichen Verhältnisse vorliegen und daß das Phänomen unabhängig von der Zeit ist. Die einzige unabhängige Variable ist daher x.

Die Größe, die es zu bestimmen gilt, ist die Temperatur $T(x)$. Dabei treten auch Wärmemengen auf, d. h. Energien. So eine Größe ist ein Maß, das einem Raumbereich zugeordnet wird (wenn der entsprechende Ausdruck nicht negativ werden kann).

Wir betrachten einen kleinen Zylinder, dessen Erzeugende parallel zur x-Achse verlaufen (im Bild durch ein kleines Rechteck angedeutet, das zwei zur x-Achse parallele Seiten besitzt).

Ein erstes Gesetz hat zum Inhalt, daß im stationären Zustand nirgends Wärmemenge angehäuft wird. Mit anderen Worten heißt das, die pro Zeiteinheit in den kleinen Zylinder eintretende Wärmemenge ist gleich der pro Zeiteinheit daraus austretenden Wärmemenge.

Ein zweites Gesetz gestattet uns, die eintretende und austretende Wärmemenge zu beschreiben. Es handelt sich dabei um das *Gesetz der Wärmeleitung*. Die Wärmemenge, die pro Zeiteinheit ein Flächenelement ds in der durch den Normalenvektor $\mathfrak{n}$ definierten Richtung durchsetzt, ist gegeben durch $-\mu\, \mathfrak{n}$ grad $T\, ds$.

μ ist der Koeffizient der Wärmeleitfähigkeit. Das Minuszeichen drückt aus, daß die Wärmemenge vom warmen zum kalten Bereich fließt, während grand T in die Richtung wachsender T weist.

Im vorliegenden Fall hat grad T die Komponenten T'_x, 0, 0. Es existiert also kein Wärmeaustausch durch die Seitenwand des Zylinders. Der Wärmefluß durch die Grundflächen ist

$$\mu(x_1)\ T'(x_1) = \mu(x_2)\ T'(x_2).$$

Da x_1 und x_2 beliebig sind, gilt

$$\frac{d}{dx}\Big(\mu(x)\ T'(x)\Big) = 0,$$

d. h.

$$\boxed{\mu'(x)\ T'(x) + \mu(x)\ T''(x) = 0.} \tag{1}$$

Das ist die Differentialgleichung für das Wärmegleichgewicht in der Mauer.

Um hier einen speziellen Zustand zu charakterisieren, muß man Bedingungen der folgenden Art hinzunehmen:

An der Oberfläche $x := 0$ herrscht die Temperatur T_0.

An der Oberfläche $x := l$ herrscht die Temperatur T_l.

Also gilt

$$T(0) = T_0, \quad T(l) = T_l.$$

Ein derartiges Problem, bei dem es um die Untersuchung der Lösung einer Differentialgleichung (oder eines Systems von Differentialgleichungen) in einem Intervall mit Bedingungen für die beiden Enden des Intervalls geht, heißt *Randwertproblem.*

Übung 6. Man nehme an, daß pro Volumeneinheit der Mauer und pro Zeiteinheit eine Wärmemenge $Q(x)$ erzeugt wird. Welcher zusätzliche Ausdruck ist in den Gleichungen des Abschnittes 5.1 aufzunehmen?

Übung 7. Man drücke die folgenden Randbedingungen aus:

a) Die Oberfläche $x := 0$ ist wärmeundurchlässig.

b) An der Oberfläche $x := l$ ist der Wärmefluß pro Flächeneinheit und pro Zeiteinheit proportional der Temperaturdifferenz an der Oberfläche und im umgebenden Medium (dessen Temperatur T_0 als bekannt vorausgesetzt wird). Kann man unter Berücksichtigung der Richtung des Wärmeflusses (von wärmeren zu kälteren Bereichen) die Vorzeichen der Koeffizienten in der gefundenen Formel bestimmen?

Übung 8. Man betrachte ein äußerst dünnes und an seinen Seitenflächen thermisch isoliertes Rohr. Man zeige, daß die Gleichung (1) dafür gültig bleibt. Man nehme an, daß das Rohr kreisförmig in sich geschlossen sei. Welche Randbedingungen liegen in diesem Fall vor?

Aufgabe 4

Die Verschiebung von Elektronen und Löchern in einer nicht polarisierten Diode, schematisch in einer Dimension beschrieben, führt zum folgenden System

$$\begin{aligned} 0 &= nE + Kn' \\ 0 &= pE - Kp' \\ E' &= L(p - n + M). \end{aligned}$$

Die drei unbekannten Funktionen sind

$n(x)$ — Elektronendichte,

$p(x)$ — Löcherdichte,

$E(x)$ — elektrische Feldstärke.

K und L sind positive Konstante, M eine gegebene Funktion von x.

a) Man zeige, daß pn unabhängig von x ist.

b) Man setze $p = He^u$, $n = He^{-u}$. Man bestimme das System, dem die Funktionen E und u genügen und leite daraus eine Gleichung für u allein ab.

c) Die Funktion $M(x)$ geht für x gegen $+\infty$ gegen einen Grenzwert M_+, für x gegen $-\infty$ gegen einen anderen Grenzwert M_-.

Eine physikalisch interessante Lösung des Problems liefert eine Funktion $u(x)$, die für x gegen $+\infty$ gegen den Grenzwert u_+ und für x gegen $-\infty$ gegen einen Grenzwert u_- geht.

Man zeige, daß im Unendlichen u'' gegen 0 geht.

d) Man bestimme daraus die Werte von u_+ und u_-.

Läßt sich unter diesen Bedingungen das Problem der Bestimmung von $u(x)$ als Randwertproblem formulieren?

e) Man verwende nun die folgenden Annahmen:

$$\text{für } x \in (-\infty, 0) \qquad M(x) := M_-,$$

$$\text{für } x \in (0, \infty) \qquad M(x) := M_+.$$

Man multipliziere die beiden Seiten der Gleichung in u'' mit u' und integriere von $-\infty$ bis 0 und von 0 bis ∞.

Man zeige, daß sich daraus der Wert von $u(0)$ bestimmen läßt ($u(x)$ ist in $x := 0$ stetig und besitzt dort eine stetige Ableitung).

Man zeige, daß damit das Problem auf zwei Randwertprobleme zurückgeführt ist.

Aufgabe 5

Ein starrer Stab AB, der zwischen den Punkten 0 und l der x-Achse angebracht ist, wird unter den folgenden Bedingungen deformiert:

Die Deformation findet in der xy-Ebene statt;

jeder Punkt behält im Laufe der Deformation seine ursprüngliche Abszisse bei;

die Deformation $y(x)$ und ihre Ableitung $y'(x)$ ist klein;

der Einfluß des Bogens AM auf den Bogen BM setzt sich zusammen aus einer in M wirkenden Kraft mit den

x- und y-Komponenten $U(x)$, $V(x)$ und einem Kräftepaar, dessen Moment $\mu(x)$ senkrecht auf der xy-Ebene steht;

der Krümmungsradius des Stabes im Punkt der Abszisse x ist mit P durch die Formel

$$\frac{1}{R} = \frac{1}{EI} P(x)$$

verknüpft, wobei E und I physikalische Konstante sind.

a) Äußere Kräfte treten höchstens an den beiden Endpunkten auf. Man mache einen Ansatz für die Kräfte, die einen kleinen Bogen MM' im Gleichgewicht halten.

b) Man formuliere die gefundenen Bedingungen derart, daß als einzige unbekannte Funktion $y(x)$ auftritt.

c) Man führe dieselbe Aufgabe nochmals durch unter der Annahme, daß der Stab ein Eigengewicht besitzt (y-Achse senkrecht nach oben gerichtet).

d) Man präzisiere die Randbedingungen für den Fall, daß der Stab im Nullpunkt fixiert ist und daß die Tangente an den deformierten Stab dort in die x-Achse fällt. Das andere Ende soll frei sein.

Aufgabe 6

Ein Drehzylinder mit vertikalen Erzeugenden enthalte eine schwere Flüssigkeit. Man stelle sich die Aufgabe, die Form der freien Oberfläche der rotierenden Flüssigkeit zu bestimmen. Die Krümmung dieser Oberfläche erzeugt einen zusätzlichen Druck, der durch

$$\alpha \left(\frac{1}{R_1} + \frac{1}{R_2} \right)$$

gegeben ist, wobei α die Kapillaritätskonstante ist, R_1 der Krümmungsradius in einer Meridianebene und R_2 die Länge des Segments der Normalen zur Meridianebene zwischen der Oberfläche und der Rotationsachse.

a) k sei der Abstand zur Achse, z die Höhe über der Ebene, auf der der Druck null ist, θ der Winkel zwischen der Tangente an den Meridian und der Horizontalen, s die Bogenlänge des Meridians, von der Rotationsachse aus gezählt. Man formuliere die obigen Gesetze durch Differentialgleichungen für diese Größen.

b) Man zeige, daß man unter Verwendung von s als Variable zur Bestimmung der übrigen Größen ein Differentialgleichungssystem erhält, bei dem weder $\sin\theta$ noch $\cos\theta$ im Nenner auftritt.

c) Welche Bedingungen kann man den verschiedenen Funktionen für $s := 0$ auferlegen?

d) Man nehme für den Zylinder die Bedingung $\theta := \frac{\pi}{4}$.

Erhält man auch hier ein Randwertproblem? Wie könnte man leicht ein Randwertproblem erhalten? Man schreibe das entsprechende System an.

3. Partielle Differentialgleichungen

Wir geben vorerst zwei Beispiele für derartige Probleme.

6.1. Wärmeausbreitung

Wir betrachten nochmals das Problem aus 5.1, diesmal jedoch in größerer Allgemeinheit, nämlich in einem Raumbereich R und mit Zeitabhängigkeit. Wir haben somit vier Variable x, y, z, t und eine unbekannte Funktion $T(x, y, z, t)$.

Darüber hinaus benötigen wir einen Ausdruck für die Wärmemenge. V sei ein Raumbereich, FV seine nach außen gerichtete Oberfläche. Die während des unendlich kleinen Zeitintervalls δt in V eintretende Wärmemenge ist

$$\delta Q = \delta t \iint\limits_{FV\text{ext}} \mu \operatorname{grad} T\, \mathfrak{n}\, d\sigma$$

(Integralform des Wärmeleitungsgesetzes).

Diese Wärmemenge dient zur Erwärmung der in V enthaltenen Materie um $\delta T(x, y, z, t) = \frac{\partial T}{\partial t} \partial t$:

$$\delta Q = \delta t \iiint\limits_V c \frac{\partial T}{\partial t} \, dx \, dy \, dz.$$

Dabei bedeutet c die spezifische Wärme pro Volumeneinheit (die eine Funktion von x, y, z sein kann). Daraus folgt

$$\iint\limits_{F V \text{ext}} \mu \operatorname{grad} T \mathfrak{n} \, d\sigma = \iiint\limits_V c \frac{\partial T}{\partial t} \, dx \, dy \, dz.$$

Wendet man auf die linke Gleichungsseite den Satz von Gauss-Ostrogradski an, so ergibt sich

$$\iiint\limits_V \operatorname{div} (\mu \operatorname{grad} T) \, dx \, dy \, dz = \iiint\limits_V c \frac{\partial T}{\partial t} \, dx \, dy \, dz.$$

Diese beiden Integrale können nur dann für beliebige Raumbereiche gleich sein, wenn

$$\operatorname{div} (\mu \operatorname{grad} T) = c \frac{\partial T}{\partial t}$$

gilt. Durch Entwickeln erhält man

$$\mu(x, y, z) \Delta T = \operatorname{grad} \mu \operatorname{grad} T = c(x, y, z) \frac{\partial T}{\partial t} \tag{1}$$

ΔT — Laplace-Operator von T

(der Laplace-Operator und die Gradienten beziehen sich auf die Variablen x, y, z). Hier handelt es sich um eine *partielle Differentialgleichung.*

6.2. *Vollständige Formulierung des Problems*

Eine derartige Gleichung besitzt eine große Lösungsmannigfaltigkeit. Nur eine einzige Lösung daraus entspricht einem festgelegten System.

Intuitiv sieht man ein, daß zur Festlegung der Lösung dieses Problems die folgenden Bedingungen gestellt werden müssen:

Bedingungen für den Wärmeaustausch mit dem Äußeren, zum Beispiel

$$T = T_0 \text{ auf } FV \text{ in jedem Zeitpunkt;}$$

die Anfangstemperaturverteilung in V, d. h.

$$T(x, y, z, t_0) = \varphi(x, y, z).$$

$\varphi(x, y, z)$ ist eine gegebene Funktion.

Übung 9. Man leite aus dem obigen Problem durch Spezialisierung das Problem der Wärmeleitung in einer Mauer her. Benötigt man dazu alle Bedingungen?

Übung 10. Man formuliere dasselbe Problem unter der Annahme, daß pro Volumeneinheit und pro Zeiteinheit eine Wärmemenge $Q(x, y, z)$ auftritt.

Übung 11. Man formuliere die Randbedingungen:

a) Die Grenzfläche von R ist wärmeundurchlässig.

b) Die Grenzfläche von R gestattet pro Flächeneinheit und pro Zeiteinheit den Durchtritt einer Wärmemenge, die proportional der Differenz der Temperatur im betrachteten Punkt der Grenzfläche und der Temperatur im Äußeren T_0 ist.

Übung 12. Welche Änderungen sind in den Gleichungen für das Wärmeleitungsproblem anzubringen, wenn man annimmt, daß die Koeffizienten und c von x, y, z, t abhängen?

Übung 13. Welche Änderungen sind in den Gleichungen für das Wärmeleitungsproblem anzubringen, wenn man annimmt, daß die Koeffizienten μ und c von T abhängen?

Übung 14. Man formuliere die Gleichungen für das Wärmeleitungsproblem für den Fall, in dem der Bereich durch einen Drehzylinder dargestellt wird, wobei die zu untersuchenden Phänomene symmetrisch bezüglich der Drehachse sind.

7.1. Schwingungen einer Saite

Eine geradlinig an den Punkten A und B eingespannte Saite (Abb. 5) der Länge l schwingt in einer Ebene. Wir benötigen also zwei unabhängige Variable, die Abszisse x eines Saitenpunktes und t.

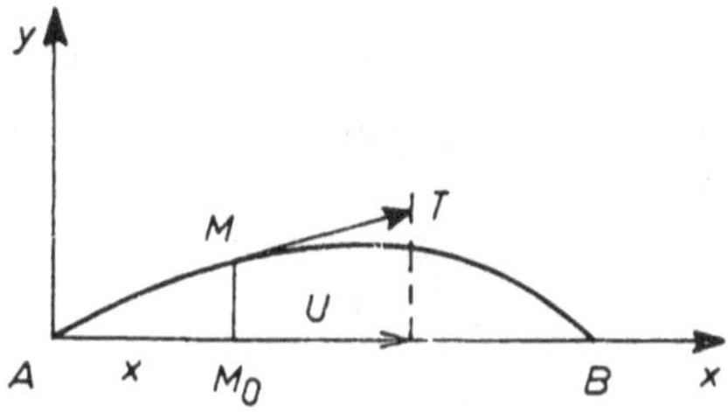

Abb. 5

Näherungsweise soll jeder Punkt im Laufe der Schwingungen seine Ruheabszisse beibehalten. Damit tritt nur eine einzige unbekannte Funktion auf, nämlich $y(x, t)$.

Wir nehmen an, daß die Wirkung des Bogens MB auf den Bogen AM durch eine Spannung T erfolgt, die in Richtung der Tangente an die Saite im Punkt M liegt. Wir vernachlässigen alle äußeren Kräfte (zum Beispiel die Schwerkraft).

Mit U werde die Projektion der Spannung T auf die x-Achse bezeichnet.

Wir beschreiben die Projektion der Bewegung des Schwerpunkts des Bogens AM auf die x-Achse.

Da jeder Punkt eine feste Abszisse beibehält, gilt das auch für den Schwerpunkt. Daraus folgt, daß die Summe der Projektionen der auf AM wirkenden Kräfte (d. h. der Spannungen) null ist. Also gilt

$$U(0) = U(x).$$

U hängt somit nicht von x ab. Wir nehmen an, daß diese Größe auch nicht von t abhängt und gleich der Spannung der Saite im Ruhezustand ist. Wir wollen nun die Projektion der Bewegung des Schwerpunkts des Bogens AM auf die y-Achse beschreiben. μ sei die spezifische Masse pro Längeneinheit der Saite:

$$\frac{\partial^2}{\partial t^2}\left(\frac{\int_0^x y\mu\,dx}{\int_0^x \mu\,dx}\right)\int_0^x \mu\,dx = U\left(\frac{\partial y}{\partial x}(x, t) - \frac{\partial y}{\partial x}(0, t)\right).$$

Natürlich ist μ unabhängig von t. Folglich lautet die linke Gleichungsseite

$$\mu\frac{\partial^2}{\partial t^2}\int_0^x y\,dx,$$

und die Gleichung geht über in

$$\frac{\partial^2}{\partial t^2}\int_0^x y\,dx = \frac{U}{\mu}\left(\frac{\partial y}{\partial x}(x, t) - \frac{\partial y}{\partial x}(0, t)\right).$$

Unter der Annahme, daß μ konstant ist, leiten wir beide Gleichungsseiten nach x ab:

$$\boxed{\frac{\partial^2 y}{\partial t^2} = \frac{U}{\mu}\,\frac{\partial^2 y}{\partial x^2}.}$$

Wir erhalten wieder eine partielle Differentialgleichung, die als *Differentialgleichung der schwingenden Saite* bezeichnet wird.

7.2. *Vollständige Formulierung des Problems*

Wie im Falle des Wärmeleitungsproblems erkennt man intuitiv, daß die Bedingungen, welche man zur partiellen Differentialgleichung hinzunehmen muß, um die Lösung des Problems eindeutig zu machen, in der folgenden Weise gegeben sind:

Die beiden Enden der Saite sind fixiert:

$$y(0, t) = y(l, t) = 0.$$

Anfangslage der Saite:

$$y(x, t_0) = \varphi(x).$$

Anfangsgeschwindigkeit der Saite:

$$y'_t(x, t_0) = \psi(x).$$

Übung 15. Welche Änderungen hat man an der Gleichung vorzunehmen, wenn μ eine Funktion von x ist?

Übung 16. Welche Änderungen hat man an der Gleichung vorzunehmen, wenn μ eine Funktion von t (aber nicht von x) ist?

Übung 17. Welche Änderungen hat man an der Gleichung vorzunehmen, wenn bei horizontalem AB das Gewicht der Saite zu berücksichtigen ist?

Übung 18. Welche Änderungen hat man an der Gleichung vorzunehmen, wenn bei vertikalem AB das Gewicht der Saite zu berücksichtigen ist?

Aufgabe 7

Man betrachte eine ursprünglich ebene, leicht deformierbare Membran. Die Wirkung zweier Membranbereiche links und rechts von einem kleinen Bogen AB der Länge ds aufeinander werde durch eine Kraft $\mathfrak{B}\, ds$ beschrieben, die in der Tangentialebene an die Membran und senkrecht zum Bogen liegt. Die Deformationen seien klein, jeder Membranpunkt schwinge längs einer Normalen zur Ruheebene der Membran.

a) Man stelle die Gleichung auf, die das mechanische Gleichgewicht eines Membranteiles S in Abwesenheit äußerer Kräfte beschreibt.

b) Man gebe die Bedingungen an, die eine Lösung der in a) gefundenen Gleichung erwarten lassen.

c) Man gehe nun zum Problem der Bewegung der Membran über. Man gebe die zum Fall der schwingenden Saite analogen Bedingungen an und schreibe die Gleichungen an.

d) Man gebe die Bedingungen an, die eine Lösung der in c) gefundenen Gleichung erwarten lassen.

4. Andere Probleme

8.1. Bedingungen dafür, daß man eine Differentialgleichung erhält

Alle vorausgehenden Untersuchungen haben uns auf gewöhnliche oder partielle Differentialgleichungen geführt. Allen gemeinsam waren die folgenden Punkte:

Die unbekannten Größen sind Funktionen einer Variablen (gewöhnliche Differentialgleichung) oder mehrerer Variabler (partielle Differentialgleichung).

Die Variablen gehen nur in Form eines einzigen Wertesatzes ein.

Wir wollen nun einige Beispiele geben, die zeigen sollen, auf welche Art mehrere Wertesätze von Variablen auftreten können.

8.2. Regler mit Verzögerung

Ein Regler ist ein System, das den Unterschied einer Funktion $y(t)$ von einer gegebenen Funktion $e(t)$ möglichst klein hält. Dabei läßt sich erwarten, daß $y'(t)$ mit der Differenz' $e(t) - y(t)$ durch eine Beziehung der Form

$$y'(t) = K[e(t) - y(t)] \tag{1}$$

verknüpft ist. Wenn der Koeffizient K positiv und hinreichend groß ist, kann sich $y(t)$ von $e(t)$ nur schwer merkbar unterscheiden. Gleichung (1) ist eine Differentialgleichung.

Nehmen wir nun an, daß in dem betreffenden Mechanismus ein Verzögerungselement auftritt. Zum Beispiel soll ein Operateur den Differenzwert auf einer Skala ablesen und auf den Rheostat übertragen. Das bewirkt eine zeitliche Verschiebung h. Mit anderen Worten, die Gleichung geht über in

$$y(t) = K\big(e(t-h) - y(t-h)\big).$$

Hier handelt es sich, etwas schlecht ausgedrückt, um eine Differenzen-Differentialgleichung.

8.3. Verschleißprobleme

Ein Unternehmen verwendet eine große Anzahl von Exemplaren eines dem Verschleiß ausgesetzten Materials. Das Gesetz, dem das Phänomen unterliegt, läßt sich auf die folgende Weise formulieren:

Der Anteil des Materials, der im Altersbereich v bis $v + dv$ unbrauchbar wird, ist $K(v)\,dv$.

Wir bezeichnen mit $a(t)\,dt$ die Menge des im Intervall t bis $t + dt$ gekauften Materials, mit $f(t)$ die Menge des zum Zeitpunkt t benutzbaren Materials. Es gilt daher

$$f(t+dt) - f(t) = a(t)\,dt + dt \int_{-\infty}^{t} a(t-v)\,K(v)\,dv$$

oder

$$\boxed{f'(t) = a(t) + \int_{-\infty}^{t} a(t-v)\,K(v)\,dv.}$$

Nehmen wir an, daß zu jedem Zeitpunkt eine gegebene Menge des Materials benützbar sein soll. In diesem Fall müssen wir aus der obigen Bedingung die notwendige Einkaufsmenge $a(t)$ berechnen.

Eine derartige Gleichung heißt *Integralgleichung*. In ihr kommen alle Variablenwerte vor, die kleiner oder gleich t sind.

Aufgabe 8

Ein Unternehmer kauft Rohstoff zu einem Preis $p(t)$ pro Einheit. $a(t)\,dt$ sei die in der Zeit dt gekaufte Menge. Der Rohstoff wird gelagert, der Lagerpreis beträgt $\alpha(t)$ pro Mengeneinheit und Zeiteinheit. Während der Zeit dt wird hierauf die Menge $b(t)\,dt$ des Stoffes verarbeitet. Die Verarbeitungskosten betragen $c(t)$ pro Mengeneinheit, die Gesamtkosten sind $C(t)\,dt$. Die Lagerkosten für das verarbeitete Material betragen $p(t)$ pro Mengeneinheit und pro Zeiteinheit. Während der Zeit dt wird die Menge $e(t)\,dt$ verkauft. Der Preis für die Mengeneinheit ist $v(t)$.

a) Man schreibe die folgenden Gleichungen an:

die Gesamtmenge des gelagerten Rohstoffes;

die Gesamtmenge des gelagerten verarbeiteten Stoffes;

den Gewinn der Firma.

b) Man vervollständige das System durch einen Satz von Ungleichungen, die ausdrücken sollen, daß die Lager zu keinem Zeitpunkt leer sind, daß der Gewinn während einer Periode T positiv sein soll, daß die Verarbeitungsmaschinen während einer Zeiteinheit nur beschränkte Mengen verarbeiten.

c) Man forme die Gleichungen so um, daß zum Ausdruck kommt, daß zur Verarbeitung die Zeit θ benötigt wird. Fehlt hier eine Angabe?

d) Bei gegebenen Preisen, Anfangslagerständen und Kosten formuliere man das Problem, während einer Periode T einen maximalen Gewinn zu erhalten.

Ist der Typ dieses Problems bereits einmal aufgetreten?

Lösungen der Übungen aus Kapitel I

1. $I\theta'' + f\theta' + c(\theta - \theta_0) = - mgl \sin\theta$

(Nullpunkt der Winkel an der nach unten gerichteten Vertikalen, l Abstand des Schwerpunkts von der Achse, θ_0 Stellung, für die die Torsion des Fadens null ist).

2.

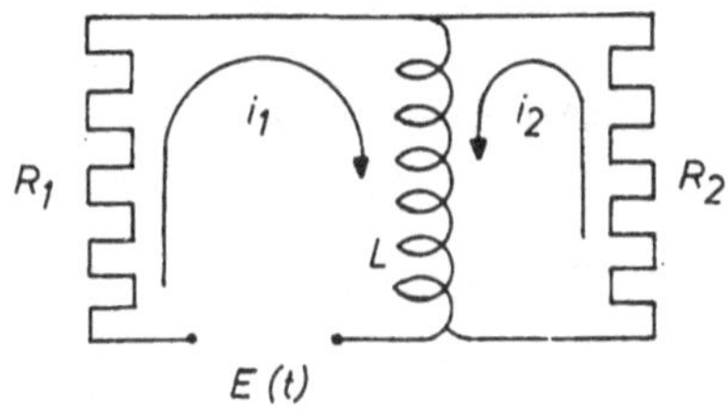

a) $$E'(t) = R_1 i_1 + L \frac{d}{dt}(i_1 + i_2)$$

$$0 = R_2 i_2 + L \frac{d}{dt}(i_1 + i_2)$$

b) $L_1 = L_2 = M$.

3. k_i Elastizitätskonstante der Feder r_i, x und y die Abszissen der Massen, vom Schwerpunkt aus gerechnet:

$$m \frac{d^2x}{dt^2} = - k_1 x + k_2(y - x)$$

$$m \frac{d^2y}{dt^2} = - k_3 y + k_2(x - y).$$

Man bestimme die Lage und die Geschwindigkeit der Massen.

4. $S = ah$ Wasserhöhe.

$$ah^2 h' = q - bh^2.$$

Verdunstungskonstante $\frac{b}{a}$.

5. x für Menschen, y für Tiere.

$$x' = (n_1 - m_1)\,x - ky$$
$$y' = (n_2 - m_2)\,y - ly^2.$$

6. $\mu(x_2)\,T'(x_2) - \mu(x_1)\,T'(x_1) + \int\limits_{x_1}^{x_2} Q(x)\,dx = 0,$

daraus folgt

$$(\mu T')' + Q = 0.$$

a) $T'(0) = 0.$

b) $T'(l) + k(T(l) - T_0) = 0, \quad k > 0.$

8. Die zu verwendenden Gleichungen sind dieselben:

$$T(0) = T(t), \qquad T'(0) = T'(l).$$

9. Es genügt, wenn man T unabhängig von y, z, t nimmt. Die Bedingung $T(x, y, z, t_0) = \varphi(x, y, z)$ wird nicht mehr gebraucht. Diese Funktion hat keine Bedeutung mehr, da die Zeit in ihr nicht vorkommt.

10. $\delta t \iint\limits_{FV} \mu \operatorname{grad} T n\, d\sigma + \delta t \iiint\limits_V Q(x, y, z)\,dx\,dy\,dz$

$$= \delta t \iiint\limits_V c\,\frac{\partial T}{\partial t}\,dx\,dy\,dz.$$

Daraus folgt

$$\mu \Delta T + \operatorname{grad} \mu \operatorname{grad} T + Q(x, y, z) = c\,\frac{\partial T}{\partial t}.$$

11. a) $\operatorname{grad} T\mathfrak{n} = 0$ auf FR.

b) $\operatorname{grad} T\mathfrak{n} + k(T - T_0) = 0$.

12. Keine Änderung.

13. Keine Änderung an Gleichung (1), man hat jedoch zu berücksichtigen, daß gilt

$$\operatorname{grad} \mu = \mu'_T \operatorname{grad} T.$$

14. r Abstand von der Achse,

R kleiner Bereich der Meridianebene,

σ Flächenelement von R,

s Bogenelement der Berandung von R.

Wärmeleitung: $\delta Q = 2\pi\,\delta t \int\limits_{FR} \mu \operatorname{grad} T\mathfrak{n}\, r\, ds.$

Erwärmung: $\delta Q = 2\pi\,\delta t \iint\limits_R c\,\frac{\partial T}{\partial t}\, r\, d\sigma,$

$$\operatorname{div}(\mu \operatorname{grad} T r) = c\,\frac{\partial T}{\partial t}\, r.$$

Daraus folgt

$$\mu\left(\frac{\partial^2 T}{\partial r^2} + \frac{\partial^2 T}{\partial z^2} + \frac{1}{r}\,\frac{\partial T}{\partial r}\right) = c\,\frac{\partial T}{\partial t}.$$

15. $\displaystyle \frac{\partial^2}{\partial t^2}\int\limits_0^x y\, dx = \frac{U}{\mu}\left(\frac{\partial y}{\partial x}(x, y) - \frac{\partial y}{\partial x}(0, t)\right).$

Durch Ableiten nach x:

$$\frac{\partial^2 y}{\partial t^2} = U\,\frac{\partial}{\partial x}\left(\frac{y(x, t)}{\mu(x)}\right).$$

16. Die gewöhnliche Formulierung gilt wegen

$$\frac{\int\limits_0^x y\mu\,dx}{\int\limits_0^x \mu\,dx} = \frac{1}{x}\int\limits_0^x y\,dx,$$

$$\frac{\delta^2}{\delta t^2}\left(\frac{\int\limits_0^x y\mu\,dx}{\int\limits_0^x \mu\,dx}\right)\int\limits_0^x \mu\,dx = \mu\,\frac{\delta^2}{\delta t^2}\int\limits_0^x y\,dx.$$

17. Die Gleichgewichtslage muß so angesetzt sein, daß das Gewicht die Spannung aufhebt.

Rechnet man die Deformationen von dieser Lage aus, so bleibt die Gleichung dieselbe.

18. $U(x) = U(0) + \mu g x$,

$$\mu\,\frac{\partial^2}{\partial t^2}\int\limits_0^x y\,dx = U(x)\,\frac{\partial y(x,t)}{\partial x} - U(0)\,\frac{\partial y(0,t)}{\partial x},$$

daraus folgt

$$\frac{\partial^2 y}{\partial t^2} = \frac{1}{\mu}\,\frac{\partial}{\partial x}\left(U(x)\,\frac{\partial y(x,t)}{\partial x}\right).$$

Lösungen der Aufgaben aus Kapitel I

Aufgabe 1

a) Unbekannte Funktion $x(t)$. Man setzt (Achse nach unten gerichtet)

$$mx'' + mkx'\,|x'| = mg.$$

b) Die Gleichung enthält weder x noch t. Nimmt man t als Funktion und x' als Variable, so gelangt man zu einer Quadratur.

$z := x'$, $t = \int \frac{dz}{g - kz\,|z|}$ oder wenn man setzt

$$\alpha := \sqrt{\frac{g}{k}}.$$

1. $z > 0$: $2\alpha kt = \log \left| \frac{z + \alpha}{z - \alpha} \right|$,

$$z = \alpha \frac{\sinh \alpha kt}{\cosh \alpha kt}, \quad x = \frac{1}{k} \log \cosh \alpha kt.$$

2. $z < 0$: $\alpha kt = \operatorname{arc\,tan} \frac{z}{\alpha}$, $z = \alpha \tan (\alpha kt)$,

$$x = \frac{1}{k} \log \frac{1}{\cos \alpha kt}.$$

c) y-Achse nach unten:

$$mx'' + mkx' \sqrt{x'^2 + y'^2} = 0,$$
$$my'' + mky' \sqrt{x'^2 + y'^2} = mg.$$

d) $\frac{du}{u \sqrt{u^2 + v^2}} = \frac{dv}{v \sqrt{u^2 + v^2} - \alpha^2}$.

e) $d\varrho = \frac{1}{-\varrho} (u\,du + v\,dv)$, $d\theta = \frac{u\,dv - v\,du}{\varrho^2}$.

Daraus folgt durch Kombination der Gleichungen:

$$\frac{d\varrho}{\varrho^3 - \alpha^2 \varrho \sin \theta} = \frac{-d\theta}{\alpha^2 \cos \theta}.$$

Die Dimension von k in der Ausgangsgleichung ist L^{-1}, α hat also die Dimension LT^{-1}.

u, v, ϱ haben dieselbe Dimension, θ ist dimensionslos. Die beiden Gleichungsseiten haben also die Dimension $L^{-2}T^2$.

Aufgabe 2

a) $\vec{\omega}\ \{0, 0, \omega\}$:

$$mx'' = \frac{-Kxm}{(x^2 + y^2 + z^2)^{3/2}} + 2m\omega y'$$

$$my'' = \frac{-Kym}{(x^2 + y^2 + z^2)^{3/2}} - 2m\omega x'$$

$$mz'' = \frac{-Kzm}{(x^2 + y^2 + z^2)^{3/2}}.$$

b) $x = 0 \Rightarrow y = 0.$

$z = 0.$

c) $mX'' = 2m\omega\, Y' \sin\lambda$

$mY'' = -\, 2m\omega(\cos\lambda\, Z' = \sin\lambda\, X')$

$mZ'' = -mg + 2m\omega \cos\lambda\, Y'.$

Eine Einschränkung bezüglich λ bringt nichts Neues und ist daher unnötig.

d) Man kann nicht von c) nach a) übergehen. Diese Formulierung ist allgemeiner. Um von a) nach c) überzugehen, muß man die Bezeichnungsweise ändern und die Glieder in K neu interpretieren (diese Größe setzt man gleich ihrem Wert im neuen Ursprung).

e) $\overline{X}'' = 0, \quad \overline{Y}'' = 0, \quad \overline{Z}'' = -g.$

Daraus folgt

$$\overline{X} = \overline{X}_0 + t\overline{X}_0', \quad \overline{Y} = 0, \quad \overline{Z} = \overline{Z}_0 + t\overline{Z}_0' - \frac{1}{2}\, g t^2,$$

$$\overline{\overline{X}}'' = 0, \quad \overline{\overline{Y}}'' = -2[(\bar{Z}_0' - gt)\cos\lambda + \overline{X}_0'\sin\lambda], \quad \overline{\overline{Z}} = 0.$$

Daraus

$$\overline{\overline{X}} = \overline{\overline{Z}} = 0, \quad \overline{\overline{Y}} = -t^2(\bar{Z}_0'\cos\lambda + \overline{X}_0'\sin\lambda) + \frac{gt^3}{3}.$$

f) Ja, für den speziellen Fall.

Nein, für den allgemeinen Fall α), denn dort treten von Null verschiedene Glieder $\overline{\overline{Y}}$, $\overline{\overline{X}}$, $\overline{\overline{Z}}$ auf.

Ja, für den allgemeinen Fall β), denn $\overline{\overline{X}}$ und $\overline{\overline{Z}}$ kommen in $\overline{\overline{Y}}$ nicht vor.

Aufgabe 3

a) $x_i(t)$ sei die Masse des i-ten Elements zum Zeitpunkt t:

$$x_i(t + dt) = x_i(t)(1 - k_i\,dt) + \sum_j x_j(t)k_{ji}\,d$$

oder

$$x_i' = -k_i x_i + \sum_j k_{ji} x_j.$$

b) $x_i(t_0) = x_{i,0}$.

c) $x_i = \lambda X_i$, X_i bezeichnet eine Konstante. Man erhält

$$\lambda' X_i = -k_i\lambda X_i + \sum_j \lambda k_{ji} X_j$$

und daraus mit $\frac{\lambda'}{\lambda} = \mu$

$$(-k_i - \mu)X_i + \sum_j k_{ji} X_j = 0.$$

Dies ist das Problem der Eigenwerte und der Eigenvektoren einer Matrix.

Aufgabe 4

a) Aus den beiden ersten Gleichungen schließt man

$$pn' + np' = 0.$$

b) $u' = \frac{E}{K}, \quad E' = 2LH \sinh u + LM,$

$$u'' = \frac{2LH}{K} \sinh u + \frac{LM}{K}.$$

c) $\lim_{x \to +\infty} u'' = \frac{2LH}{K} \sinh u_+ + \frac{LM_+}{K}.$

d) Wenn dieser Grenzwert von Null verschieden ist, kann u nicht gegen einen Grenzwert streben. Also gilt

$$\sinh u_+ = -\frac{M_+}{2H}, \quad \sinh u_- = -\frac{M_-}{2H}.$$

Das Problem besteht darin, eine Lösung u der Differentialgleichung zu finden, für die $\lim_{x \to +\infty} u = u_+ \quad \lim_{x \to + -\infty} u = u_-$.

e) $\left[\frac{u'^2}{2}\right]_{-\infty}^{0} = \frac{2LH}{K} [\cosh u]_{-\infty}^{0} + \left(\frac{LM_-}{K}\right) [u]_{-\infty}^{0}.$

$\lim_{x \to +\infty} u'$ existiert also, und dieser Grenzwert kann nicht 0 sein, sonst würde u_- nicht existieren. Man schließt daraus

$$\frac{u_0'^2}{2} = \frac{2LH}{K} (\cosh u_0 - \cosh u_-) + \frac{LM_-}{K} (u_0 - u_-).$$

Ebenso gilt

$$\frac{-u_0'^2}{2} = \frac{2LH}{K} (\cosh u_+ - \cosh u_0) + \frac{LM_+}{K} (u_+ - u_0).$$

Durch Addition erhält man

$$0 = \frac{2LH}{K} (\cosh u_+ - \cosh u_-) + \frac{LM_+}{K} (u_+ - u_0) + \frac{LM_-}{K} (u_0 - u_-)$$

und daraus u_0. Man hat also nun ein Randwertproblem in $(-\infty, 0)$ und ein zweites in $(0, \infty)$.

Aufgabe 5

a) Unbekannte Funktionen $y(x)$, $U(x)$, $V(x)$, $P(x)$.

$$-U(x+\delta x)+U(x)=0, \qquad -V(x+\delta x)+V(x)=0.$$

Also gilt $U = \text{const}$, $V = \text{const}$.

$-P(x+\delta x)+P(x)+U\,\delta y - V\,\delta x = 0$ (Moment bezüglich M').

D. h. $P' = Uy' - V$ oder wenn man Uy' vernachlässigt:

$$P' + V = 0.$$

Man kann $1/R$ durch y'' ersetzen, da y' klein ist.

Daraus ergibt sich $y'' = \dfrac{1}{EI}\,P$.

b) Mit $P'' = 0$ erhält man $y'''' = 0$.

c) Die Gleichung für V wird zu: $-V(x+\delta x)+V(x) = g\mu\,\delta x$.

Daraus erhält man $V' = -g\mu$, $P'' = +g\mu$ und $y'''' = \dfrac{g\mu}{EI}$.

d) $y(0)=0$, $y'(0)=0$, $P(l)=0$, $V(l)=0$

und daraus

$$y''(l) = y'''(l) = 0.$$

Aufgabe 6

a) $R_1 = \dfrac{ds}{d\theta}$, $R_2 = \dfrac{\varrho}{\sin\theta}$,

$$\alpha\left(\frac{d\theta}{ds}+\frac{\sin\theta}{\varrho}\right) = gz.$$

b) $dz = ds\sin\theta$, $d\varrho = ds\cos\theta$,

Daraus folgt das System

$$z' = \sin\theta$$
$$\varrho' = \cos\theta$$
$$\theta' = \frac{g}{\alpha} z - \frac{\sin\theta}{\varrho}.$$

c) $\varrho(0) = 0, \quad \theta(0) = 0$. Physikalisch ist z nicht gegeben.

d) Nein, denn man weiß nicht, bei welchem Wert von s der Vorgang stattfindet. Man muß ϱ als Variable nehmen.

$$\frac{dz}{d\varrho} = \tan\theta, \quad \frac{d\theta}{d\varrho} = \frac{g}{\alpha}\frac{z}{\cos\theta} - \frac{\tan\theta}{\varrho}.$$

Aufgabe 7

a) x und y seien die Koordinaten in der Membranebene, $U(x, y)$ die Projektion der Spannung auf diese Ebene. Jeder Punkt behält seine Koordinaten x und y wie in der Ruhelage bei. $z(x, y)$ ist eine Verschiebung senkrecht zur Ebene.

Die Spannungskomponente längs des Bogenelements ds:

$$-U\,dy, \quad U\,dx, \quad U \operatorname{grad} z \mathfrak{n}\, ds, \quad \text{wobei } \mathfrak{n} := \left\{\frac{-dy}{ds}, \frac{dx}{ds}\right\}$$

(zweidimensionales Feld).

Man schließt daraus auf die Bedingungen

$$\int_{FS} U\,dy = 0, \int_{FS} U\,dx = 0, \int_{FS} U \operatorname{grad} z \mathfrak{n}\, ds = 0.$$

Die beiden ersten geben:

$$\iint_S \frac{\partial U}{\partial x}\, d\sigma = 0, \iint_S \frac{\partial U}{\partial y}\, d\sigma = 0,$$

σ — Flächenelement der Membran,

Daraus erhält man

$$\frac{\partial U}{\partial x} = \frac{\partial U}{\partial y} = 0, \quad U = \text{const.}$$

Die dritte Bedingung liefert

$$U \int_{FS} \operatorname{grad} z\,\mathfrak{n}\, ds = 0$$

und daraus

$$\iint_S \Delta z\, d\sigma = 0, \text{ also } \Delta z = 0.$$

b) z auf dem Rand der Membran gegeben (fester Rand).

c) Die beiden ersten Gleichungen bleiben dieselben. Man nehme darüber hinaus an, daß U von t unabhängig ist. μ sei die Masse der Membran pro Flächeneinheit (als konstant angenommen).

$$\int_S \mu\, d\sigma \frac{\partial^2}{\partial t^2} \left(\frac{\int_S \mu z\, d\sigma}{\int_S \mu\, d\sigma} \right) = \int_{FS} U \operatorname{grad} z\,\mathfrak{n}\, ds.$$

Durch Umformung erreicht man

$$\mu \iint_S \frac{\partial^2 z}{\partial t^2}\, d\sigma = U \iint_S \Delta z\, d\sigma,$$

$$\frac{\partial^2 z}{\partial t^2} = \frac{U}{\mu} \Delta z.$$

d) z auf dem Rand gegeben,

$z(x, y, 0)$ gegeben (Anfangsposition),

$z'_t(x, y, 0)$ gegeben (Anfangsgeschwindigkeit).

Aufgabe 8

a) $m(t)$ sei die Menge des gelagerten Rohstoffes, $f(t)$ die Menge des gelagerten fertigen Produkts, $B(t)\,dt$ der Gewinn während der Zeit dt.

$$m'(t) = a(t) - b(t),$$

$$f'(t) = b(t) - e(t),$$

$$B(t) = e(t)\,v(t) - a(t)\,p(t) - \alpha(t)\,m(t) - C(t) - b(t)\,c(t) - f(t)\,p(t).$$

b) $m(t) \geqq 0, \quad f(t) \geqq 0, \quad \int_{t_0}^{t_0+T} B(t)\,dt > 0, \quad 0 < b(t) < M.$

c) Man unterscheide $b_1(t)$ zu Beginn der Verarbeitung und $b_2(t)$ an deren Ende.

$$m' = a - b_1, \qquad f' = b_2 - e,$$

$$B = ev - ap - \alpha m - C - b(t)\,c(t) - f(t)\,p(t)$$

mit $b_2(t) = b_1(t - \theta)$.

Man benötigt eine Angabe, wie die Kosten der Verarbeitung zu berechnen sind, wenn diese von der Zeit abhängen. Man könnte zum Beispiel angeben, daß $c(t)$ die Kosten pro Einheitsmenge seien, wenn die Verarbeitung zum Zeitpunkt t begonnen wird. In diesem Fall enthält die Formel für B auch das Glied $b_1(t)\,c(t)$.

d) Man bestimme $a(t)$, $b(t)$, $e(t)$ so, daß $\int_{t_0}^{t_0+T} B(t)\,dt$ so groß als möglich wird.

Hier handelt es sich um einen Problemtyp, der von den bisherigen verschieden ist.

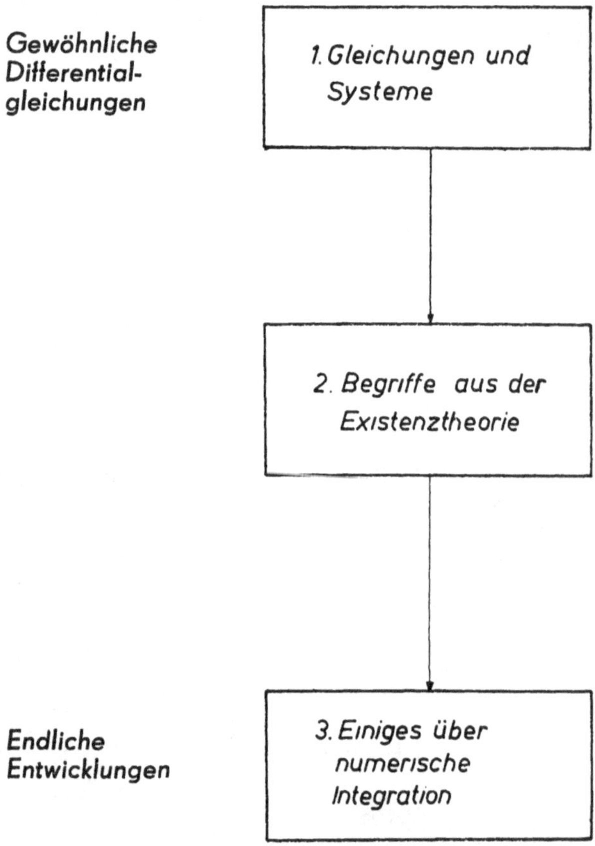
Gewöhnliche Differentialgleichungen
1. Gleichungen und Systeme
2. Begriffe aus der Existenztheorie
Endliche Entwicklungen
3. Einiges über numerische Integration

KAPITEL II

Allgemeine Theorie der Systeme von gewöhnlichen Differentialgleichungen

1. Gewöhnliche Differentialgleichungen und Differentialgleichungssysteme

Der Studierende hat im Laufe seiner Vorstudien sicher bereits die üblichen Typen von Differentialgleichungen kennengelernt, deren Lösung man in expliziter Form angeben kann. Wir bieten hier eine allgemeine Theorie dar, die im nächsten Kapitel durch das Studium linearer Systeme ergänzt wird. Die unabhängigen Variablen werden als reell vorausgesetzt, obwohl manche Ergebnisse auch im Fall komplexer Variabler gültig sind.

1.1. Differentialgleichung in aufgelöster Form

Eine Differentialgleichung in aufgelöster Form ist eine Gleichung für eine unbekannte Funktion $y(t)$, die von der einzigen Variablen t abhängt, mit den folgenden Bedingungen:

a) die linke Gleichungsseite stellt die Ableitung der Ordnung p von $y(t)$ dar;

b) die rechte Gleichungsseite ist eine gegebene Funktion von y und deren Ableitungen bis zur Ordnung $p - 1$ und von t:

$$y^{(p)} = F(y, y', \ldots, y^{(p-1)}, t).$$

Die ganze Zahl p heißt *Ordnung* der Differentialgleichung.

Beispiele:

$$y' = \varphi\left(\frac{y}{x}\right)$$

$$y' = a(t)\,y^2 + b(t)y + c(t)$$

$$y'' = \alpha y + \beta.$$

1.2. Bemerkungen über Differentialgleichungen in beliebiger Form

Die Behandlung der allgemeinen Form

$$G(y, y', \ldots, y^{(p)}, t) = 0$$

bietet weit größere Schwierigkeiten. Hier einige Beispiele:

$$\sin^2(yy') + \cos^2(yy') = 1$$

ist für jede Funktion $y(t)$ erfüllt, die Gleichung

$$y^2 + y'^2 + 1 = 0$$

dagegen wird von keiner reellen Funktion der Variablen t erfüllt.

$y'^2 - y^2 = 0$ ist äquivalent zu $y' = y$ oder $y' = -y$, d. h. zu einer oder der anderen Gleichung in aufgelöster Form.

$\sin^2 y'' + \cos^2 y'' + ay' + b = 0$ ist äquivalent zu $ay' + b + 1 = 0$. Man kann sich daher fragen, ob die Ordnung dieser Differentialgleichung 1 oder 2 ist. Dieser Umstand kann nicht eintreten, wenn man nur Gleichungen in aufgelöster Form behandelt. Es ist jedoch nicht möglich, dafür eine allgemeine Theorie anzugeben.

Übung 1. Man betrachte die mechanische Bewegung eines Punktes auf einer Geraden. Was läßt sich über die Ordnung und die Form der Gleichungen aussagen, die man erhält, wenn die Formulierung des Problems durch

a) die Relation $f = m\gamma$,

b) den Impulssatz

geliefert wird.

2.1. Differentialgleichungssystem in aufgelöster Form

Ein Differentialgleichungssystem in aufgelöster Form enthält:

r unbekannte Funktionen einer einzigen Variablen t;

r Gleichungen der folgenden Form:

a) Die linke Seite der k-ten Gleichung stellt die Ableitung p_k-ter Ordnung der k-ten unbekannten Funktion dar;

b) die rechten Gleichungsseiten sind Funktionen der r unbekannten Funktionen, ihrer Ableitungen bis zur Ordnung $p_1 - 1, p_2 - 1, \ldots, p_r - 1$ und der Variablen t.

Beispiel:

$$y'' = F(y, y', z, t),$$

$$z' = G(y, y', z, t).$$

Die *Ordnung* eines derartigen Systems ist die Summe der Ordnungen der auftretenden höchsten Ableitungen der verschiedenen unbekannten Funktionen ($2 + 1 = 3$ im obigen Beispiel). Wir werden sehen, daß die Ordnung eine tiefer gehende Bedeutung besitzt.

Eine *Lösung* oder ein *Integral* des in dem Beispiel gegebenen Systems ist ein Funktionenpaar $y(t)$, $z(t)$, das die beiden angeführten Bedingungen erfüllt.

2.2. Bemerkung zu Systemen in beliebiger Form

Bei der Behandlung von Differentialgleichungssystemen, die nicht in aufgelöster Form gegeben sind, treten dieselben Schwierigkeiten auf wie bei einzelnen Gleichungen, wie wir früher angedeutet haben. Wir geben noch einige Beispiele:

Es handle sich um das System

$$F(y, y', z, z', t) = 0,$$
$$G(y, y', z, z', t) = 0.$$

Für reelle Funktionen kann man auch schreiben:

$$F^2(y, y', z, z', t) + G^2(y, y', z, z', t) = 0.$$

Man braucht daher nicht zu fordern, daß die Anzahl der Gleichungen gleich der Anzahl der unbekannten Funktionen ist.

Es handle sich um das System

$$y'' + z'' = 0,$$
$$y'' + z'' = y' + z'.$$

In Wirklichkeit reduziert sich das System auf $y' + z' = 0$. Es läßt sich nicht in aufgelöster Form schreiben. Man kann daher auch seine Ordnung nicht bestimmen.

Ein System heißt *nicht-auflösbar*, wenn es nicht möglich ist, es in ein oder mehrere Systeme in aufgelöster Form umzuformen.

Übung 2. Man gebe ein Differentialgleichungssystem in nicht aufgelöster Form mit zwei unbekannten Funktionen an, das nur eine einzige Lösung besitzt.

3.1. Gleichung und System

Wir bemerken, daß eine Differentialgleichung in Wirklichkeit ein System von Differentialgleichungen mit einer einzigen unbekannten Funktion ist.

Die Theorie der Systeme enthält also als Spezialfall die Theorie der Gleichungen.

Im übrigen besteht kein wesentlicher Unterschied zwischen einer Differentialgleichung und einem System solcher Gleichungen. Man kann leicht von einem zum anderen übergehen, wie wir bald sehen werden.

3.2. *Kanonische Form*

Man sagt, ein System sei in kanonischer Form, wenn es in aufgelöster Form vorliegt und wenn die Ordnung der höchsten Ableitungen gleich 1 ist.

Beispiel:

$$y' = F(y, z, t),$$

$$z' = G(y, z, t).$$

3.3. *Übergang von der aufgelösten Form zur kanonischen Form*

Dieser Übergang ist sehr einfach zu realisieren, wie wir an einem Beispiel zeigen wollen. Es handle sich um das System

$$y'' = F(y, y', z, t),$$

$$z' = G(y, y', z, t).$$

Wir setzen $y' := u'$. Das ursprüngliche System ist offensichtlich äquivalent dem folgenden System in kanonischer Form:

$$y' = u,$$

$$u' = F(y, u, z, t),$$

$$z' = G(y, u, z, t).$$

Man erkennt, daß die Ordnung des Systems (nämlich 3) unverändert blieb.

Übung 3. Man setze in kanonischer Form:

$$y^{(p)} = F(y, y', \ldots, y^{(p-1)}, z, z', \ldots, z^{(q-1)}, t),$$
$$z^{(q)} = G(y, y', \ldots, y^{(p-1)}, z, z', \ldots, z^{(q-1)}, t).$$

Hat sich die Ordnung geändert?

3.4. *Untersuchung des umgekehrten Übergangs*

Wir wollen wieder an Beispielen den umgekehrten Übergang untersuchen und zeigen, daß er unter Umständen Schwierigkeiten bereitet.

Wir betrachten vorerst das System

$$\begin{aligned} y' &= y + z, \\ z' &= y - 2z. \end{aligned} \tag{1}$$

Man stelle sich die Aufgabe, das System durch eine Gleichung zweiter Ordnung in y zu ersetzen. Zu diesem Zweck bildet man die Ableitung

$$y'' = y' + z'.$$

Aus dieser neuen Gleichung muß man z und z' eliminieren. Man verwendet dazu die beiden Gleichungen des Systems (1). Man ersetzt z' durch seinen in der zweiten Gleichung von (1) gegebenen Wert:

$$y'' = y' + y - 2z. \tag{2}$$

Aus der ersten Gleichung von (1) schließt man

$$z = y' - y. \tag{3}$$

Setzt man in (2) ein, so ergibt sich

$$y'' = 3y - y'. \tag{4}$$

(4) ist die gewünschte Gleichung. Sie besitzt dieselbe Ordnung wie das ursprüngliche System. Ist y bekannt, so liefert (3) z unmittelbar.

Es sei nun dieselbe Aufgabe zu lösen für

$$y' = y,$$
$$z' = 2z.$$

Offensichtlich ist hier die Aufgabe unlösbar, da die beiden Gleichungen unabhängig voneinander sind.

Schließlich betrachten wir noch dieselbe Aufgabe für

$$\begin{aligned} y' &= y^2 + z^2, \\ z' &= y. \end{aligned} \tag{1}$$

Man erhält

$$y'' = 2yy' + 2zz'$$

oder

$$y'' = 2yy' + 2yz. \tag{2}$$

Aus (1) und (2) ist z zu eliminieren.

Man findet

$$\left(\frac{y''}{2y} - y'\right)^2 = y' - y^2.$$

Dies ist keine Gleichung in aufgelöster Form.

Übung 4. Man ersetze durch eine einzige Gleichung in y das System

$$y'' = 2y + y' + 2z,$$
$$z' = y' - z - 1.$$

Übung 5. Man ersetze das vorausgehende System durch eine einzige Gleichung in z.

Übung 6. a) Kann man das folgende System durch eine einzige Gleichung in y ersetzen:

$$y' = y,$$
$$z' = 2z - y.$$

Man gebe den Grund dafür an.

b) Kann man das System durch eine einzige Gleichung in z ersetzen?

Übung 7. Man ersetze das folgende System durch eine einzige Gleichung in y:

$$y' = y^2 - z^2,$$
$$z' = y + z.$$

4.1. Zusammenfassende Schreibweise

Eine Menge indizierter Variabler läßt sich durch einen einzigen Buchstaben darstellen. Ebenso läßt sich eine Menge indizierter Funktionen durch einen einzigen Buchstaben darstellen. An Stelle von

$$y_1' = f_1(y_1, y_2, t),$$
$$y_2' = f_2(y_1, y_2, t),$$

kann man schreiben

$$X' = F(X, t)$$

mit evidenten Vereinbarungen über die Bezeichnungsweise.

Eine analoge Schreibweise läßt sich bei einem System anwenden, bei welchem die maximalen Ordnungen der unbekannten Funktionen dieselben sind.

Aufgabe 1

Man betrachte das System von Differentialgleichungen:

$$\begin{aligned} 4x'' + \lambda y' - x' &= 0, \\ \lambda x'' + y' + y &= 0, \end{aligned} \tag{A}$$

wobei x und y Funktionen der Variablen t sind und λ ein Parameter ist.

a) Man setze das System (A) in aufgelöster Form an. Welche Ordnung besitzt das System (allgemein)? Für welche Werte von λ treten Schwierigkeiten auf?

b) Man nehme an, daß $\lambda \neq 4$. Man zeige, daß x die Lösung einer Differentialgleichung ist, die weder y noch eine seiner Ableitungen enthält. Man schreibe diese Gleichung an. Man schreibe eine analoge Gleichung für y an. Man gebe eine Erklärung dafür, daß diese Gleichung nicht dieselbe Ordnung hat wie die Gleichung für x.

c) Gilt die Rechnung auch für $\lambda := 0$?

Aufgabe 2

Es handle sich um das System

$$y'' = a(t)y' + b(t)y + c(t)z + d(t),$$
$$z' = e(t)y' + f(t)y + g(t)z + h(t).$$

a) In welchen Fällen kann man kein äquivalentes System angeben, in dem z'' und y' auftreten?

b) In welchem Fall kann man keine äquivalente Gleichung für z erhalten?

c) In welchem Falle treten beide eben erwähnten Umstände ein? Man zeige, daß in diesem Fall die Integration des Systems sehr einfach ist.

d) Man beantworte die letzte Frage für das System

$$y'' = F(y, y', z, t),$$
$$z' = G(y, y', z, t).$$

Man nehme an, daß man $H(u, v) = 0$ nur dann nicht nach u auflösen kann, wenn H die Variable u gar nicht enthält.

Aufgabe 3

Wir betrachten die Gleichung

$$y''' + p_1(x)y'' + p_2(x)y' + p_3(x)y = 0.$$

a) Man transformiere die unbekannte Funktion gemäß

$$z := \frac{y}{u(x)}$$

und die unabhängige Variable gemäß

$$\zeta := \zeta(x).$$

b) Man gebe eine Bedingung an, die gewährleistet, daß die neue Gleichung weder Terme in z' noch solche in z'' enthält.

Man setze $\eta = \zeta'(x)$.

c) Diese Bedingungen bilden ein System, das nicht in aufgelöster Form geschrieben werden kann. Man formt das System um, indem man die Gleichung ableitet, welche die Ableitungen der kleinsten Ordnung enthält. Man leite daraus eine Gleichung zweiter Ordnung in u und eine Gleichung erster Ordnung in η ab (oder eine Gleichung zweiter Ordnung in η und eine Gleichung erster Ordnung in u).

d) Man forme die Gleichung zweiter Ordnung in η um, indem man die folgende neue unbekannte Funktion einführe:

$$w := \frac{1}{\sqrt{k\eta}}, \quad k = \text{const.}$$

2. Existenz- und Eindeutigkeitstheoreme

5.1. Existenz- und Eindeutigkeitstheorem für eine Gleichung erster Ordnung

Es handle sich um die Gleichung

$$y' = f(y, t). \tag{1}$$

In dem durch $t \in [t_0 - a, t_0 + a]$, $y \in [y_0 - k, y_0 + k]$, $k \neq 0$ definierten Rechteck R gelte:

a) die Funktion $f(y, t)$ ist stetig. Sie ist daher in R beschränkt: $|f(y, t)| \leqq M$;

b) $k \geqq aM$;

c) $f'_y(y, t)$ existiert;

d) $|f'_y(y, t)| \leqq M'$.

Wir behaupten ohne Beweis, daß, wenn die obigen Bedingungen erfüllt sind, die vorgelegte Gleichung im Intervall $t \in [t_0 - a, t_0 + a]$ eine eindeutige Lösung besitzt, für die $y(t_0) := y_0$. Diese Lösung ist im Rechteck R enthalten.

Übung 8. Man zeige, daß man a stets so klein wählen kann, daß die Bedingung b) erfüllt ist.

Übung 9. Was liefert das Existenz- und Eindeutigkeitstheorem im Falle der Gleichung

$$y' = y, \qquad t_0 := 0, \qquad y_0 := 1.$$

Kann das Rechteck beliebig groß gewählt werden?

Übung 10. Was liefert das Existenz- und Eindeutigkeitstheorem im Falle der Gleichung

$$y' = \frac{y}{t}, \quad t_0 := -1,$$

wenn man y_0 variiert, so daß sein Wert stets positiv oder Null ist?

Darf die rechte Seite des Rechtecks beliebig nahe an der y-Achse liegen?

5.2. *Singulärer Punkt einer Gleichung erster Ordnung*

Jeder Punkt t_0, y_0, in dem die Bedingungen für die Existenz und Eindeutigkeit nicht erfüllbar sind, heißt *singulärer Punkt* der Gleichung (1). Da das Theorem nur hinreichende Bedingungen für die Existenz und Eindeutigkeit enthält, kann man im allgemeinen daraus nicht auf das Verhalten der Lösung in einem singulären Punkt schließen. Es ist hier jeder Fall gesondert zu betrachten. Zum Beispiel bestehen folgende Möglichkeiten in einem singulären Punkt:

keine Lösung geht durch diesen Punkt;
genau eine Lösung geht durch diesen Punkt;
mehr als eine, aber nur endlich viele Lösungen gehen durch diesen Punkt;
unendlich viele Lösungen gehen durch diesen Punkt.

5.3. *Beispiel*

$ty' + y = 0$ oder in aufgelöster Form: $y' = \frac{-y}{t}$.

Alle Punkte der y-Achse sind singulär. Die Lösungen sind $y := 0$ und $y := k/t$ (k eine von Null verschiedene beliebige Konstante). Durch einen Punkt der y-Achse, der vom Nullpunkt verschieden ist, geht keine Lösung, durch den Nullpunkt geht genau eine Lösung.

Übung 11. Man untersuche die singulären Punkte und den Verlauf der Lösungen in ihnen für die Gleichungen:

a) $ty' - y = 0$,

b) $yy' + t = 0$.

5.4. *Geometrische Eigenschaften der Lösung einer Gleichung erster Ordnung*

Die Lösungen $y(t)$ von $y' = f(y, t)$ lassen sich als Kurven in der ty-Ebene deuten. Man nennt diese Kurven *Integralkurven.* Auf Grund des Existenz- und Eindeutigkeitstheorems können sich Integralkurven nur in einem singulären Punkt schneiden.

6.1. Existenz- und Eindeutigkeitstheorem für ein System von Differentialgleichungen in kanonischer Form

Wir betrachten das System

$$y' = F(y, z, t),$$
$$z' = G(y, z, t)$$

und das durch $t \in [t_0 - a, t_0 + a]$, $y \in [y_0 - k, y_0 + k]$, $z \in [z_0 - l, z_0 + l]$, k und l nicht Null, definierte Parallelepiped. Es sollen die folgenden Bedingungen erfüllt sein:

a) $F(y, z, t)$ und $G(y, z, t)$ stetig; diese Funktionen sind also auf R beschränkt:

$$|F(y, z, t)| \leqq M_1, \qquad |G(y, z, t)| \leqq M_2;$$

b) $k \geqq aM_1, \qquad l \geqq aM_2;$

c) $F'_y(y, z, t), F'_z(y, z, t), G'_y(y, z, t), G'_z(y, z, t)$ existieren.

d) $|F'_y(y, z, t)| \leqq M', \qquad |F'_z(y, z, t)| \leqq M',$
$|G'_y(y, z, t)| \leqq M', \qquad |G'_z(y, z, t)| \leqq M'.$

Unter diesen Bedingungen läßt sich zeigen, daß das Differentialgleichungssystem im Intervall $t \in [t_0 - a, t_0 + a]$ eine und nur eine Lösung besitzt, für die gilt

$$y(t_0) = y_0, \qquad z(t_0) = z_0.$$

Diese Lösung ist in R enthalten.

Die Punkte, in welchen die obigen Bedingungen unerfüllbar sind, heißen singuläre Punkte.

Übung 12. Man wende das Vorangehende auf das System

$$y' = z, \qquad y(0) := 0,$$
$$z' = -y, \quad z(0) := 1$$

an. Darf das Parallelepiped beliebig groß sein?

Übung 13. a) Man untersuche die singulären Punkte des Systems

$$ty' = z + y, \qquad z' = -ty.$$

b) Man integriert das System, indem man die erste Gleichung ableitet. Man untersuche den Verlauf der Lösung.

6.2. *Der Fall eines Systems in aufgelöster Form*

Um möglichst wenig schreiben zu müssen, behandeln wir den Fall einer einzigen Gleichung zweiter Ordnung:

$$y'' = F(y, y', t).$$

Man bringt diese Gleichung auf die kanonische Form

$$y' = z, \qquad z' = F(y, z, t).$$

Man erkennt, daß die Untersuchungen hier im Raum der Variablen y, z, t auszuführen sind. Im selben Parallelepiped wie unter der vorausgehenden Nummer setzen wir voraus, daß gilt:

a) $F(y, z, t)$ stetig mit $|F(y, z, t)| \leqq M_2$. Die zweite Bedingung reduziert sich zu $M_1 := \mathrm{Sup}\,(|z_0 - l|, |z_0 + l|)$;

b) $k \geqq a M_1, \quad l \geqq a M_2$.

c) $F'_y(y, z, t), \quad F'_z(y, z, t)$ existieren.

d) $|F'_y(y, z, t)| \leqq M', \quad |F'_z(y, z, t)| \leqq M'$.

Sind alle diese Bedingungen erfüllt, so existiert in $[t_0 - a, t_0 + a]$ eine und nur eine Lösung, für die

$$y(t_0) := y_0, \qquad y'(t_0) := z_0.$$

Man erkennt, daß die singulären Punkte die Punkte des Raumes der y, y', t sind und nicht die Punkte des yt-Raumes.

Übung 14. Man untersuche die singulären Punkte der Gleichung

$$xy''y - y'^2 = 0.$$

6.3. Physikalische Bedeutung der singulären Punkte

Die singulären Punkte besitzen im allgemeinen eine wichtige physikalische Bedeutung. Im übrigen werden sie selten aus folgenden Gründen erreicht:

Die Zeit, die notwendig ist, sie zu erreichen, ist unendlich.

Physikalische Größen, wie zum Beispiel die Kraft oder die Temperatur, werden in solchen Punkten unendlich. Die mathematische Formulierung gilt dort nicht mehr oder das physikalische System wird bereits zerstört, bevor der singuläre Punkt erreicht wird.

Übung 15. Man betrachte das Schema der Bewegung einer Rakete von der Erde zum Mond auf die folgende Art:

Ein Massenpunkt, dessen Masse eine lineare, abnehmende Funktion der Zeit ist, bewegt sich auf einer vom Ursprung ausgehenden Geraden. Er wird vom Punkt mit der Abszisse 1 mit einer Kraft angezogen, die umgekehrt proportional dem Abstandsquadrat ist.

a) Wo liegen die singulären Punkte?

b) Man erkläre, warum man diese nicht überschreiten kann.

c) Ist die mathematische Formulierung hinreichend?

Aufgabe 4

Man betrachte die Differentialgleichung

$$y' = f(x, y),$$

die in einem Rechteck R den Bedingungen des Existenz- und Eindeutigkeitstheorems genügt.

a) $y_1(x)$ und $y_2(x)$ seien zwei in R enthaltene Lösungen dieser Gleichung und

$$z(x) = y_1(x) - y_2(x).$$

Man zeige, daß $|z'| \leqq M' |z|$, wobei M' eine passende Konstante ist.

b) Man leite daraus einen Beweis für den Eindeutigkeitsteil des Existenz- und Eindeutigkeitstheorems ab.

Aufgabe 5

Man betrachte die Funktion

$$f(x, t) := \begin{cases} -2t, & \text{wenn } x \leqq -t^2, \\ \dfrac{2x}{t}, & \text{wenn } |x| < t^2, \\ 2t, & \text{wenn } x \geqq t^2. \end{cases}$$

a) Man zeige, daß $f(x, t)$ in der gesamten xt-Ebene stetig ist.

b) Man bestimme die singulären Punkte der Differentialgleichung

$$\frac{dx}{dt} = f(x, t).$$

c) Man integriere diese Differentialgleichung und untersuche den Verlauf der Lösungen in der Umgebung der singulären Punkte.

Aufgabe 6

Man setze

$$f(x, y) := \begin{cases} 0, \text{ wenn } x := y := 0, \\ \dfrac{4x^3 y}{x^4 + y^2} \text{ überall sonst.} \end{cases}$$

a) Man untersuche, ob die Funktion im Ursprung stetig ist.

b) Man untersuche, ob f'_y im Ursprung definiert und beschränkt ist.

c) Man integriere $y' = f(x, y)$, wobei y als Variable und x^4 als unbekannte Funktion genommen werden soll.

d) Man bestimme die singulären Punkte der Gleichung und untersuche den Verlauf der Lösungen in ihrer Umgebung.

Aufgabe 7

a) Man betrachte die durch

$x^2 + y^2 = C^2$, C eine beliebige nicht negative Konstante,

definierte Kurvenfamilie. Man gebe eine Differentialgleichung erster Ordnung an, der die Funktionen $y(x)$ mit

$$x^2 + y(x)^2 = C^2$$

genügen.

b) Wie lassen sich die obigen Funktionen auf der Fläche $S: z = x^2 + y^2$ deuten?

c) Man bestimme die singulären Punkte der in a) gebildeten Differentialgleichung. Welche Bedeutung besitzen diese Punkte auf S? Wie verlaufen die Integralkurven in diesen Punkten?

d) Man gebe eine Differentialgleichung an, der die Funktionen $x(y)$ mit

$$x(y)^2 + y^2 = C^2$$

genügen.

e) Die unter a) und d) gebildeten Differentialgleichungen haben singuläre Punkte gemeinsam. Wie verhalten sich die Integrale in der Umgebung dieser Punkte?

Aufgabe 8

Es handle sich um die Differentialgleichung

$$y = xy' + y'^2. \tag{1}$$

a) Man zeige, daß diese Gleichung einen Bereich singulärer Punkte besitzt und daß alle Punkte der Randkurve P dieses Bereiches ebenfalls singuläre Punkte sind.

b) Man zeige, daß P ein Integral der Gleichung (1) ist.

c) Man zeige an Hand der Gleichung

$$y + 2xy' = y'^2,$$

daß diese Eigenschaft im allgemeinen nicht vorliegt.

d) Man zeige, daß $y = px + p^2$ ein Integral der Gleichung (1) ist und daß P die Einhüllende dieser Geraden darstellt. Man zeige, daß die Einhüllende von Integralkurven einer Differentialgleichung selbst ein Integral dieser Gleichung darstellt.

e) Man schreibe (1) in aufgelöster Form:

$$y' = \frac{-x + \sqrt{x^2 + 4y}}{2}, \quad y' = \frac{-x - \sqrt{x^2 + 4y}}{2}.$$

Kann man unter den Lösungen, die sich in d) ergaben, zwischen solchen unterscheiden, die der ersten Gleichung genügen, und solchen, für die die zweite Gleichung gilt?

Läßt sich ohne Integration der Gleichung zeigen, daß man alle Integrale der Gleichung (1) kennt?

f) Man bestimme die singulären Punkte von

$$y = xy' + y'^3.$$

Aufgabe 9

a) Man betrachte die Parabeln

$$y := \frac{x^2}{2C} + \frac{C}{2}, \quad C \text{ eine von Null verschiedene Konstante.}$$

Man gebe eine Differentialgleichung erster Ordnung an, der die Funktion $y(x)$ genügt.

b) Man bestimme die singulären Punkte dieser Differentialgleichung.

c) Man integriere diese Gleichung, wobei man $y = tx$ setze.

d) Man gebe alle Integrale an. Als Integral wird jede stetige und stetig differenzierbare Funktion betrachtet, die der Differentialgleichung genügt.

e) Man untersuche das Verhalten der Integrale in einem singulären Punkt.

3. Einiges über numerische Integration

7.1. Vorbereitende Bemerkungen

Nur selten läßt sich ein System von Differentialgleichungen durch explizite Formeln integrieren, die die exakte Lösung liefern. Die explizit lösbaren Fälle sind meist jene, die beim elementaren Studium der Differentialgleichungen betrachtet wurden. Die Praxis zeigt, daß andere Fälle jedoch nur selten auftreten. Glücklicherweise gibt es Näherungsmethoden für eine numerische Integration, und zwar sowohl für Anfangswertprobleme als auch für Randwertprobleme. Wir betrachten nur die ersteren.

7.2. Die Tangentenmethode

Es handle sich um die Integration des in zusammenfassender Form geschriebenen Systems

$$X' = F(X, t) \text{ mit } X(t_0) = X_0.$$

Die erste Methode besteht darin, daß man schreibt (Abb. 1):

$$X_1 := X_0 + hF(X_0, t_0).$$

Das läuft darauf hinaus, daß man anstatt der Kurve zu folgen, auf der Tangente bis zur Abszisse $t_0 + h$ weitergeht.

In diesem Punkt setzt man von neuem:

$$X_2 := X_1 + hF(X_1, t_0 + h),$$
$$X_{i+1} := X_i + hF(X_i, t_0 + ih).$$

Der Hauptteil des Fehlers nach dem ersten Schritt ist:

$\frac{h^2}{2} X''(t_0)$ (und ebenso für die folgenden Schritte).

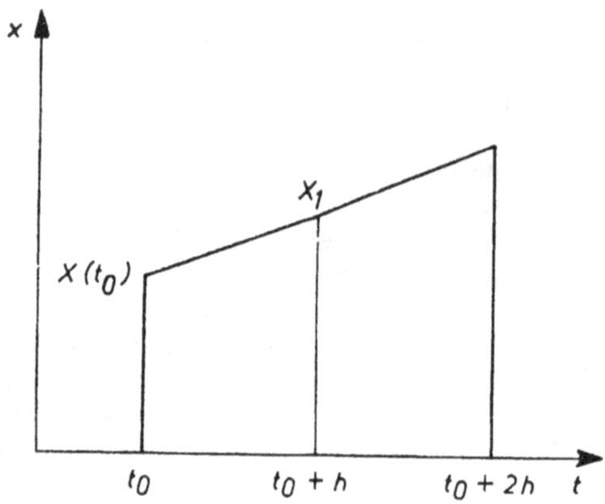

Abb. 1

7.3. *Beispiel*

Es sei zu integrieren:

$y' = y, \qquad y(0) := 1, \qquad h := 0{,}1$

$y_0 = 1{,}00000$
$y_1 = 1{,}10000$
$y_2 = 1{,}21000$
$y_3 = 1{,}33100$

$y_4 = 1{,}46410$
$y_5 = 1{,}61051$
$y_6 = 1{,}77156$
$y_7 = 1{,}94872$
$y_8 = 2{,}14359$
$y_9 = 2{,}35795$
$y_{10} = 2{,}59374$ exakter Wert: 2,71828

8.1. Euler-Cauchy-Methode

Die vorangehende Methode wäre exakt, würde man an Stelle der Tangente die Sehne zwischen den zwei Punkten mit den Abszissen t_0 und $t_0 + h$ verwenden, was leider unmöglich ist, da man zu diesem Zweck die Gleichung bereits integriert haben müßte. Man erkennt jedoch, daß die Tangente im Punkt mit der Abszisse $t_0 + \frac{h}{2}$ (Abb. 2) eine Steigung besitzt, die

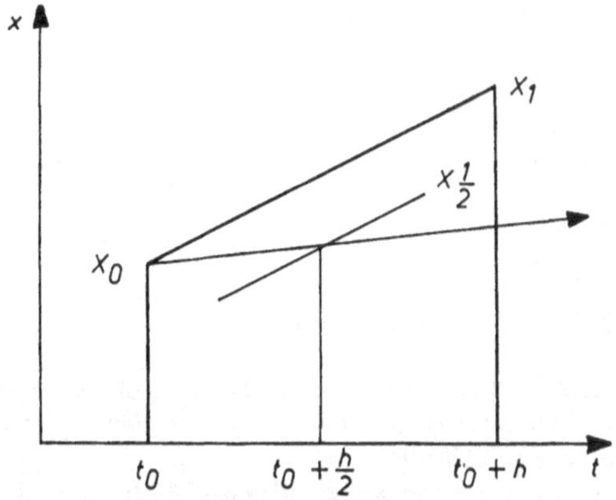

Abb. 2

nahezu gleich der Steigung der Sehne durch die Punkte t_0 und $t_0 + h$ ist. Man bestimmt diese näherungsweise nach der vorangehenden Methode durch die Bildung von:

$$X_{1/2} := X_0 + \frac{h}{2} F(X_0, t_0),$$

$$X_1 \; := X_0 + hF\left(X_{1/2}, t_0 + \frac{h}{2}\right).$$

Hierauf wiederholt man den Prozeß:

$$X_{i+1/2} := X_i + \frac{h}{2} F(X_i, t_0 + ih)$$

$$X_{i+1} \; := X_i + hF\left(X_{i+1/2}, t_0 + ih + \frac{h}{2}\right).$$

8.2. *Beispiel*

Es handle sich wieder um

$y' = y, \quad y(0) := 1, \quad h := 0,2$

$y_0 = 1{,}00000$

$y_1 = 1{,}22000$

$y_2 = 1{,}48840$

$y_3 = 1{,}81585$

$y_4 = 2{,}21534$

$y_5 = 2{,}70271$ exakter Wert: 2,71882

Man erkennt, daß nach einem Doppelschritt, d. h. bei gleichem Arbeitsaufwand das Ergebnis besser ist als bei der Tangentenmethode.

Es gibt noch andere aufwendigere Methoden, die noch bessere Ergebnisse liefern.

Übung 16. a) Man zeige, daß der Fehler beim ersten Schritt von der Größenordnung h^3 ist.

b) Man bestimme den Hauptanteil dieses Fehlers.

c) Man vergleiche ihn mit dem Fehler einer endlichen Entwicklung der Ordnung 2 zwischen t_0 und $t_0 + h$.

Übung 17. Man beantworte dieselben Fragen für die Gleichung:

$$y' = (1 + t)y, \qquad y(0) := 1.$$

Lösungen der Übungen aus Kapitel II

1. a) Gleichung zweiter Ordnung in aufgelöster Form.

b) Gleichung erster Ordnung in nicht-aufgelöster Form.

2. Zum Beispiel $(y + z - x)^2 + z^2 + z'^2 + (y' - 1)^2 = 0$ hat nur die Lösung $y = x$, $z = 0$.

3. Man setzt

$$\begin{aligned}
y_i &:= y^{(i)} && i := 1, \ldots, p - 1 \\
z_j &:= z^{(j)} && j := 1, \ldots, q - 1 \\
y' &= y_1 && \\
y'_{i-1} &= y_i && i := 2, \ldots, q - 1 \\
y'_{p-1} &= F(y, y_1, \ldots, y_{p-1}, z, \ldots, z_{q-1}, t) && \\
z' &= z_1 && \\
z'_{j-1} &= z_j && j := 2, \ldots, q - 1 \\
z_{q-1} &= G(y, y_1, \ldots, y_{p-1}, z_1, \ldots, z_{q-1}, t). &&
\end{aligned}$$

Die Ordnung bleibt $p + q$.

4. $y''' = 5y' + 2y - 2$.

5. $z''' = 5z' + 2z + 2$.

6. a) Nein, die Gleichung in y ist unabhängig von z.

b) $z'' = 3z' - 2z$. Man hat somit: $y = 2z - z'$.

7. Man findet:

$$y' - y^2 + \left(\frac{y''}{2y} - y' + y - \frac{y'}{y}\right)^2 = 0.$$

Diese Form ist nicht aufgelöst.

8. Man nehme $a' := \frac{k}{M}$. Die Änderung von a vergrößert M nicht, dieser Wert ist daher sicher geeignet.

9. k beliebig, $a := \frac{k}{k+1}$. Offensichtlich ist $a < 1$, die Projektion des Rechteckes auf die t-Achse kann also nicht sehr groß werden.

10. $k := (\lambda - 1)y_0$, $a := \frac{\lambda - 1}{2\lambda - 1}$, $a < \frac{1}{2}$.

Die rechte Seite des Rechteckes kann also nicht beliebig nahe an der y-Achse liegen.

11. a) Die Punkte der y-Achse sind singulär. Die allgemeine Lösung ist $y = kt$. Durch keinen Punkt der y-Achse außer dem Ursprung geht eine Lösungskurve.

b) Die Punkte der t-Achse sind singulär. Die Lösungen lauten $y = \pm\sqrt{k^2 - t^2}$. Durch jeden vom Ursprung verschiedenen Punkt der t-Achse verlaufen zwei Lösungen, durch den Ursprung keine.

12. k und l beliebig:

$$a \leqq \inf\left(\frac{k}{1+l}, \frac{l}{k}\right).$$

Das Produkt dieser Zahlen ist kleiner 1, also gilt $a < 1$.

13. a) Singuläre Punkte: $t = 0$, y und z beliebig.

b) $y'' + y = 0$, daraus

$$y = A\cos(t + \varphi),$$
$$z = -At\sin(t + \varphi) - A\cos(t + \varphi).$$

Für $t := 0$:

$y(0) + z(0) \neq 0$ keine Lösung durch diesen Punkt,

$y(0) + z(0) = 0$ unendlich viele Lösungen durch diesen Punkt.

14. Es handelt sich um die Punkte der Ebenen $x := 0$ und $y := 0$ im Raum der x, y, y'.

15. a) Masse null, Ankunft im Punkt 1.

b) Im ersten Fall hört das physikalische System auf zu existieren. Im zweiten Fall ist es durch die unendlich großen Kräfte zerstört worden.

c) Ohne Zweifel: nein. Ab einem bestimmten Wert nimmt die Masse nicht mehr ab, das Ziel besitzt endliche Dimensionen. Die Rakete landet auf der Mondoberfläche unter Einwirkung endlicher Kräfte.

16. a) $y_1 = 1 + h + \frac{h^2}{2}$.

b) Der Fehler hat den Hauptteil $\frac{h^3}{6}$.

c) Die endliche Entwicklung liefert dasselbe Ergebnis.

17. a) $y_1 = 1 + h + h^2 + \frac{h^3}{4}$.

b) Der Fehler hat den Hauptteil $\frac{5h^3}{12}$.

c) Das Ergebnis der Näherungsrechnung ist besser als bei einer Entwicklung der Ordnung 2: $1 + h + h^2$.

Lösungen der Aufgaben aus Kapitel II

Aufgabe 1

a) $x'' = \dfrac{x' + \lambda y}{4 - \lambda^2}, \quad y' = \dfrac{-4y - \lambda x'}{4 - \lambda^2}$.

Singularitäten bei $\lambda := \pm 2$.

b) $(4-\lambda^2)x''' + 3x'' - x' = 0$ mit $y = \dfrac{x''(4-\lambda^2) - x'}{\lambda}$,

$$(4-\lambda^2)y'' + 3y' - y = 0 \text{ mit } x' = -\frac{(4-\lambda^2)y' + 4y}{\lambda}.$$

Die beiden Systeme besitzen die Ordnung 3, aber die zusätzliche Gleichung liefert im ersten Fall y, im zweiten Fall x' (oder das vorgelegte System enthält nur x').

c) Nein, denn im Laufe der Rechnung wurde durch λ dividiert. Für $\lambda := 0$ handelt es sich um zwei getrennte Gleichungen.

Aufgabe 2

a) $e := 0.$

b) $$\begin{vmatrix} ea + e' + f & eb + f' \\ e & f \end{vmatrix} = 0.$$

c) $e := f := 0.$

Das System zerfällt in eine Gleichung erster Ordnung in z und hierauf (bei bekanntem z) in eine Gleichung zweiter Ordnung in y.

d) $$\begin{aligned} z'' &= G'_y y' + G'_{y'} F + G'_z G + G'_t, \\ z' &= G(y, y', z, t). \end{aligned}$$

Um die gewünschte Gleichung zu erhalten, muß man y' aus der zweiten Gleichung ausrechnen und in die erste Gleichung einsetzen. Dies ist unmöglich, wenn G nicht von y' abhängt.

Es gelte nun

$$\begin{aligned} y'' &= F(y, y', z, t), \\ z' &= G(y, z, t), \\ z'' &= G'_y y' + G'_z G + G'_t, \\ z''' &= \varphi(z, z', z'', y, y', y'', t). \end{aligned}$$

Aus der zweiten Gleichung ist y auszurechnen. Die dritte Gleichung liefert dann y'. Man setzt hierauf in die vierte Gleichung ein.

Dieses Vorgehen ist unmöglich, wenn G von y nicht abhängt.

In diesem Fall integriert man $z' = G(z, t)$ und hierauf bei bekanntem z die Gleichung $y'' = F(y, y', z, t)$.

Aufgabe 3

a) Man findet

$$\begin{aligned} &z'''\eta^3 u + z''(3u\eta\eta' + (3u' + p_1 u)\eta^2) \\ &\quad + z'(u\eta'' + (3u' + p_1 u)\eta' + (3u'' + 2p_1 u' + p_2 u)\eta) \\ &\quad + z(u''' + p_1 u'' + p_2 u' + p_3 u) = 0. \end{aligned}$$

b) Nach Division der ersten Bedingung durch y (was ungleich Null ist, wenn ζ nicht konstant ist), erhält man

$$3u\eta' + (3u' + p_1 u)\eta = 0 \tag{1}$$

$$u\eta'' + (3u' + p_1 u)\eta' + (3u'' + 2p_1 u' + p_2 u)\eta = 0 \tag{2}$$

c) Die zweiten Ableitungen kommen nur in der ersten Gleichung vor. Durch Ableiten der ersten Gleichung erhält man

$$\begin{aligned} 3u\eta'' + 3u'\eta' &+ (3u' + p_1 u)\eta' \\ &+ (3u'' + p_1 u' + p_1' u)\eta = 0 \end{aligned} \tag{3}$$

Die drei Gleichungen (1), (2) und (3) sind linear in u, u', u'' einerseits und in η, η', η'' andererseits. Man erhält also:

Erstes System:

$$\begin{vmatrix} 3u & 6u' + p_1 u & 3u'' + p_1 u' + p_1' u \\ u & 3u' + p_1 u & 3u'' + 2p_1 u' + p_2 u \\ 0 & 3u & 3u' + p_1 u \end{vmatrix} = 0$$

oder explizit

$$-18uu'' + 9u'^2 - 6uu'p_1 + u^2(2p_1^2 - 9p_2 + 3p_1') = 0$$

und $3u\eta' + (3u' + p_1 u)\eta = 0.$

Zweites System

$$\begin{vmatrix} 3\eta & 6\eta' + p_1\eta & 3\eta'' + p_1\eta' + p_1'\eta \\ 3\eta & 3\eta' + 2p_1\eta & \eta'' + p_1\eta' + p_2\eta \\ 0 & 3\eta & 3\eta' + p_1\eta \end{vmatrix} = 0$$

oder explizit

$$18\eta\eta'' - 27\eta'^2 + \eta^2(3p_1^2 - 9p_2 + 9p_1') = 0$$

und $$3u'\eta + (3\eta' + p_1\eta)u = 0.$$

d) Man findet

$$36w'' - w(3p_1^2 - 9p_2 + 9p_1) = 0.$$

Aufgabe 4

a) $y_1' - y_2' = f(x, y_1) - f(x, y_2) = f_y'(x, \eta)\,(y_1 - y_2).$

Daraus folgt $|z'| \leqq M'\,|z|$.

b) Setzt man $|z| = u$, so gilt $|u'| = |z'|$ und somit $u' \leqq M'u$. Daraus folgt $u \leqq u_0\, e^{M'x}$.

Wegen $y_1(x_0) = y_2(x_0)$ kann man u_0 beliebig klein wählen. Es gilt also $u = 0$.

Aufgabe 5

a) Für konstantes t hat die Funktion das folgende Schaubild (s. S. 88). Sie ist stetig in jedem der Bereiche $x > t^2,\quad x < -t^2,\quad |x| < t^2,$

in den Punkten, die zwei Bereichen gemeinsam sind,

im Ursprung, denn für $t < \varepsilon$ ist die Funktion kleiner als ε (im Ursprung besitzt sie den Wert 0).

$$\text{b)}\ f'_x(x,t) = \begin{cases} 0, & \text{wenn} \quad |x| > t^2, \\ \dfrac{2}{t}, & \text{wenn} \quad |x| < t^2. \end{cases}$$

Diese Größe ist im Ursprung nicht beschränkt. Dieser stellt daher einen singulären Punkt dar.

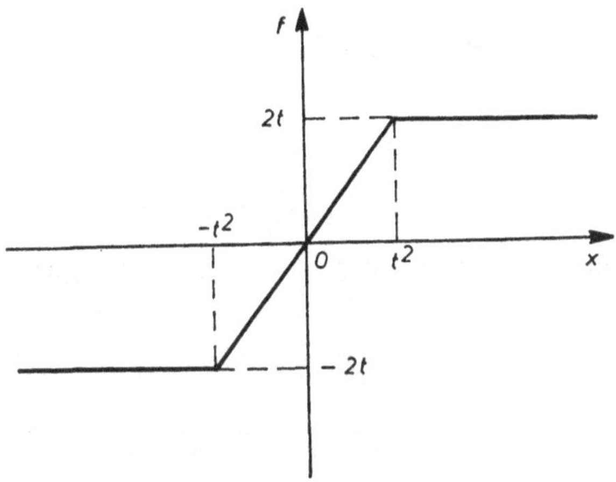

c) Die im Bereich $x \geqq t^2$ liegenden Integralkurven besitzen die Gleichung:

$$x' = 2t, \qquad x = t^2 + C, \qquad C > 0.$$

Sie verlassen diesen Bereich nicht.

Die im Bereich $x \leqq -t^2$ liegenden Kurven sind $x = -t^2 - C,\ C > 0$.

Die im Bereich $|x| < t^2$ liegenden Integralkurven besitzen die Gleichung:

$$x' = \frac{2x}{t}, \quad \frac{dx}{x} = \frac{2\,dt}{t}, \quad x = \lambda t^2, \ |\lambda| < 1.$$

Auch sie verlassen diesen Bereich nicht.

Durch den Ursprung gehen alle Parabeln $x = \lambda t^2$, $|\lambda| \leqq 1$.

Bemerkung. Dieses künstliche Beispiel ist sozusagen „nach Maß“ angefertigt worden, um ein bestimmtes Verhalten in einem singulären Punkt zu demonstrieren.

Aufgabe 6

a) Wir bemerken, daß

$$|2x^2y| < x^4 + y^2.$$

Daraus folgt, wenn x und y nicht gleichzeitig null sind

$$|f(x, y)| \leqq 2|x|,$$

und dieser Ausdruck geht mit x gegen null, daraus folgt die Stetigkeit im Ursprung.

b) $f'_y = \dfrac{4x^3(x^4 - y^2)}{(x^4 + y^2)^2}$,

$$f'_y(0, 0) = \lim_{y \to 0} \frac{f(0, y) - f(0, 0)}{y} = 0.$$

Aber für $y = kx^2$:

$$f'_y = \frac{4x^7(1 - k^2)}{x^8(1 - k^2)^2},$$

f'_y ist daher im Ursprung nicht beschränkt.

c) $u := x^4$.

$$u'y = u + y^2, \qquad u = y^2 + Cy,$$

$$y = \frac{-C \pm \sqrt{C^2 + 4x^4}}{2}.$$

Nimmt man jenen Wurzelwert, der durch das Vorzeichen von C bestimmt wird, so erhält man für beliebige C eine

Integralkurve durch den Ursprung. Alle diese Kurven haben die x-Achse als Tangente und liegen zwischen den beiden Parabeln

$$y = -x_2 \quad \text{und} \quad y = +x^2.$$

Aufgabe 7

a) $x + yy' = 0$.

b) Es handelt sich um die beiden Hälften der Niveaulinien.

c) $y := 0 \quad x := \pm C$. Integralkurven existieren nur für $|x| \leqq C$. Man muß $C > 0$ voraussetzen.

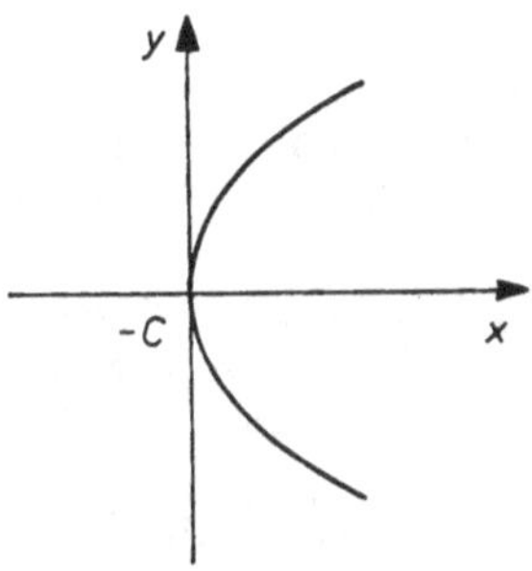

Jedes Integral besteht aus einem Kurvenbogen, der vom singulären Punkt ausgeht und dort die y-Achse als Tangente besitzt.

Die singulären Punkte sind jene Punkte der Fläche, ausgenommen der Ursprung, deren Tangentialebene parallel zur y-Achse liegt.

d) $xx' + y = 0$.

e) $x = y = 0$. In diesem Punkt ist die Tangentialebene an S horizontal. Die Integralkurven sind kleine Kreise um diesen Punkt.

Aufgabe 8

a) $y' = \dfrac{-x \pm \sqrt{x^2 + 4y}}{2}$.

y' ist für $x^2 + 4y < 0$ nicht reell. Die zweite Gleichungsseite hat für $x^2 + 4y = 0$ keine Ableitung nach y.

b) Man verifiziere die Behauptung.

c) Man findet $x^2 + 4y = 0$. Dies ist keine Integralkurve.

d) Man verifiziere die Behauptung. Die Enveloppe ist der geometrische Ort aller Punkte, für die $p^2 + px - y = 0$ eine Doppelwurzel in p besitzt. Im Berührungspunkt mit der Enveloppe genügen x, y und y' der Differentialgleichung.

e) Die Gleichung mit $+$ vor der Wurzel besitzt als Lösung die Halbtangenten rechts vom Berührungspunkt. Die andere Gleichung wird durch die entgegengesetzten Halbtangenten befriedigt.

Für jede davon sagt das Eindeutigkeitstheorem aus, daß durch einen nicht singulären Punkt eine einzige Integralkurve verläuft. Es gibt daher kein weiteres Integral.

f) Man hat die Punkte aufzusuchen, für die $z^3 + xz - y = 0$ so beschaffen ist, daß z'_y nicht existiert.

$$z'_y(3z^2 + x) = 0, \quad \text{daraus} \quad x = -3z^2, \quad y = -2z^3,$$

$$\frac{x^3}{27} + \frac{y^2}{4} = 0.$$

Aufgabe 9

a) $y' = \dfrac{x}{C}$, $y = \dfrac{xy'}{2} + \dfrac{x}{2y'}$ oder $xy'^2 - 2yy' + x = 0$.

b) $y' = \dfrac{y \pm \sqrt{y^2 - x^2}}{x}$.

Singuläre Punkte $x := 0$ und $y := \pm x, \quad |y| < |x|$.

c) Man findet

$$t'x = \pm \sqrt{t^2 - 1}, \qquad t = \pm 1,$$

$$t = \cosh(\pm \log x + K), \quad 2t = xe^K + \frac{1}{xe^K}.$$

d) Als Integrale findet man daher die Parabeln durch den Ursprung; die Geraden $y = \pm x$ (die übrigens Tangenten zu den Parabeln sind).

Man kann Integrale bilden, indem man nimmt:

Einen Parabelbogen, ein Geradenstück, einen Parabelbogen (ein oder zwei der Bestandteile dürfen fehlen).

e) Durch den Ursprung verlaufen zwei Bögen des Integrals $y = \pm x$. Durch einen vom Ursprung verschiedenen Punkt von $y = \pm x$ verlaufen vier Integralkurvenbögen, ein geradliniger, ein parabolischer und zwei gemischte.

Kapitel II

Matrizen

Lineare
Gleichungen
erster Ordnung

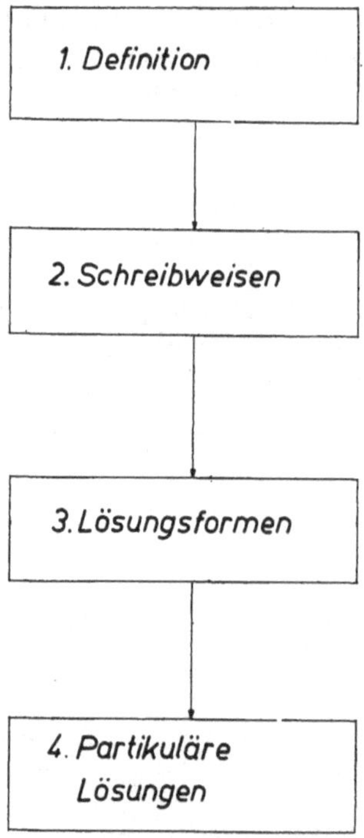

KAPITEL III

Lineare Differentialgleichungssysteme

1. Definition

1.1. Lineares Differentialgleichungssystem

Ein Differentialgleichungssystem heißt *linear*, wenn es wie das folgende System beschaffen ist:

$$\begin{aligned} &a(t)\,y''(t) + b(t)\,y'(t) + c(t)\,y(t) + d(t)\,z'(t) \\ &\qquad + e(t)\,z(t) + f(t) = 0, \\ &a_1(t)\,y''(t) + b_1(t)\,y'(t) + c_1(t)\,y(t) + d_1(t)\,z'(t) \\ &\qquad + e_1(t)\,z(t) + f_1(t) = 0 \end{aligned} \tag{I}$$

mit $\begin{vmatrix} a(t) & d(t) \\ a_1(t) & d_1(t) \end{vmatrix} \neq 0$ außer vielleicht für isolierte Werte von t.

Das heißt also, es muß gelten:

a) Der Grad der Gleichungen bezüglich der unbekannten Funktionen und deren Ableitungen ist 1;

b) das System enthält ebenso viele Gleichungen wie unbekannte Funktionen;

c) die Gleichungen sind nach der Ableitung mit der höchsten Ordnung auflösbar, ausgenommen vielleicht für isolierte Werte von t.

1.2. Übergang zur aufgelösten Form

Durch Auflösen der Gleichungen nach der Ableitung mit der höchsten Ordnung erhält man im Falle des

Systems (I) offensichtlich:

$$\begin{aligned} y'' &= \alpha(t)y' + \beta(t)y + \gamma(t)z + \delta(t), \\ z' &= \alpha_1(t)y' + \beta_1(t)y + \gamma_1(t)z + \delta_1(t). \end{aligned}$$

Wir überlassen es dem Leser, die exakten Ausdrücke für die verschiedenen Koeffizienten zu ermitteln.

Das Ergebnis ist offensichtlich allgemein und läßt sich so formulieren: Bringt man ein lineares Differentialgleichungssystem in seine aufgelöste Form, so bleibt es linear. Wie wir noch sehen werden, ist es jedoch bequemer, wenn man das zu behandelnde System nicht in die aufgelöste Form bringt.

1.3. Übergang zur kanonischen Form

Führt man das obige System in seine kanonische Form über, so erhält man das lineare System

$$\begin{aligned} y' &= u \\ u' &= \alpha(t)u + \beta(t)y + \gamma(t)z + \delta(t) \\ z' &= \alpha_1(t)u + \beta_1(t)y + \gamma_1(t)z + \delta_1(t). \end{aligned}$$

Dieses Ergebnis gilt offensichtlich allgemein und läßt sich so formulieren: Führt man ein lineares System in seine kanonische Form über, so erhält man wieder ein lineares System.

2.1. Lineares homogenes System

Ein lineares Differentialgleichungssystem heißt *homogen*, wenn die einzelnen Gleichungen, aus denen es besteht, homogen sind, d. h. *keinen* Ausdruck enthalten, der von den unbekannten Funktionen oder deren Ableitungen *unabhängig* ist.

Einem linearen System S ordnet man ein lineares homogenes System H zu, das man aus S erhält, indem man alle nicht homogenen Terme wegläßt.

Für jedes System S und dessen zugeordnetes homogenes System H gilt, wenn die Indizes A und K die aufgelöste und die kanonische Form bezeichnen, das folgende Schema:

$$\begin{array}{ccccc} S & \to & S_A & \to & S_K \\ \downarrow & & \downarrow & & \downarrow \\ H & \to & H_A & \to & H_K \end{array}$$

Die vertikalen Pfeile deuten den Übergang zum homogenen System an, die horizontalen Pfeile die Übergänge zum entsprechenden System in aufgelöster oder in kanonischer Form.

3.1. Singulärer Wert der Variablen

Ein Variablenwert soll *singulär* heißen, wenn für diesen Wert gewisse Koeffizienten in der aufgelösten Form nicht definiert oder nicht stetig sind.

Diese Werte rühren von jenen Variablenwerten her, für die die Koeffizientendeterminante der Ableitungen der höchsten Ordnung null ist, und von jenen Werten, für die gewisse Koeffizienten nicht definiert oder nicht stetig sind.

Übung 1. Man untersuche den Verlauf der Lösungen von $y' = yE_0(x)$, $E_0(x)$ bezeichne den Einheitssprung, der an der Stelle $x := 0$ vollzogen wird.

3.2. Anwendung des Existenz- und Eindeutigkeitstheorems auf ein lineares System

Wir wollen untersuchen, unter welchen Umständen das Existenz- und Eindeutigkeitstheorem auf ein lineares System nicht angewandt werden kann. Die im Fall des

Systems (I) zu untersuchenden Ausdrücke sind:

$$\alpha(t)y' + \beta(t)y + \gamma(t)z + \delta(t)$$
$$\alpha_1(t)y + \beta_1(t)y + \gamma_1(t)z + \delta_1(t)$$
$$\alpha(t),\ \beta(t),\ \gamma(t),\ \alpha_1(t),\ \beta_1(t),\ \gamma_1(t).$$

Wenn hier von Definiertheit, Beschränktheit oder Stetigkeit die Rede ist, so kann es sich dabei nur um die Funktionen $\alpha(t), \ldots, \delta_1(t)$ handeln. Die singulären Punkte von (I) bilden daher im Raum der y, y', z, t die Hyperebenen $t = t_i$, wobei die t_i die singulären Variablenwerte sind. Aus diesem Grund sprechen wir in Zukunft nicht mehr von singulären Punkten, sondern von singulären Variablenwerten, wenn es sich um ein lineares System handelt.

Man kann zeigen, daß die Lösung eines linearen Systems nur für singuläre Variablenwerte unendlich werden kann. (Siehe Aufgabe 1.)

Übung 2. Besitzen die Lösungen einer linearen Gleichung

$$y' = a(t)y + b(t)$$

eine Enveloppe?

Übung 3. Man untersuche die singulären Werte und das Verhalten der Lösungen von

$$xy' + y = 2x.$$

Übung 4. Dieselbe Frage für

$$x^2y + x^3y' + 1 = 0.$$

4.1. Linearisierung

Es gibt physikalische Phänomene, die durch Systeme linearer Differentialgleichungen beschrieben werden. Für einen elektrischen Stromkreis mit der Selbstinduktion L, dem Ohmschen Widerstand R, der Kapazität C und einer elektromotorischen Kraft E, die in Reihe geschaltet sind, erhält man zum Beispiel

$$L\frac{dq^2}{dt^2}+R\frac{dq}{dt}+\frac{q}{C}=E.$$

Ebenso gibt es Phänomene, die durch nicht-lineare Systeme beschrieben werden, die man jedoch linearisieren kann. Die Bewegung eines Pendels in einer Vertikalebene wird zum Beispiel beschrieben durch

$$\theta''+K\sin\theta=0.$$

Diese Gleichung ist nicht linear. Setzt man aber θ als klein voraus, so „darf“ man $\sin\theta$ durch θ ersetzen, und man erhält die übliche lineare Gleichung

$$\theta''+K\theta=0.$$

Um diese Vorgangsweise zu rechtfertigen, ist eine eingehendere und übrigens nicht einfache Untersuchung notwendig.

Übung 5. Man untersuche die Folgerungen, wenn man $\theta''+0{,}02\theta'+\theta=0$ durch $\theta''+\theta=0$ ersetzt. (Man vergleiche die entsprechenden Lösungen bei den Anfangsbedingungen $\theta(0):=1, \theta'(0):=0$.)

4.2. Allgemeine Darstellung der Linearisierung

Wir betrachten das System

$$\begin{aligned} y'' &= F(y', y, z, t)\\ z' &= G(y', y, z, t)\end{aligned}$$

und nehmen an, daß eine Lösung existiert, deren Werte und deren Ableitungen, die auf den rechten Gleichungsseiten vorkommen, annähernd durch die bekannten Funktionen $\varphi(t)$ und $\psi(t)$ gegeben sind. Man kann somit schreiben:

$$\begin{aligned} y &= \varphi(t) + \varepsilon(t) \\ y' &= \varphi'(t) + \varepsilon'(t) \\ z &= \psi(t) + \eta(t). \end{aligned}$$

Streng genommen gilt

$$\begin{aligned} \varphi'' + \varepsilon'' &= F(\varphi' + \varepsilon',\ \varphi + \varepsilon,\ \psi + \eta,\ t) \\ \psi' + \eta' &= G(\varphi' + \varepsilon',\ \varphi + \varepsilon,\ \psi + \eta,\ t). \end{aligned}$$

Wir ersetzen die rechten Seiten durch eine endliche Entwicklung der Ordnung 1. Man erhält dann das folgende lineare System (in $\varepsilon(t)$ und $\eta(t)$):

$$\begin{aligned} \varphi'' + \varepsilon'' &= F(\varphi, \varphi', \psi, t) + \varepsilon' F'_{y'}(\varphi, \varphi', \psi, t) + \varepsilon F'_y + \eta F'_z \\ \psi' + \eta' &= G(\varphi, \varphi', \psi, t) + \varepsilon' G'_{y'} + \varepsilon G'_y + \eta G'_z. \end{aligned}$$

Wir sagen in diesem Fall, daß wir das System in der Umgebung von $\varphi(t)$ und $\psi(t)$ linearisiert haben.

Übung 6. Man zeige, daß wir in 4.1 die Gleichung

$$y'' + K \sin y = 0$$

in diesem Sinne linearisiert haben.

Übung 7. Man linearisiere die Gleichung

$$t(ty'' - 3y'^2 + 3) + \frac{2y^3}{(t+a)^2} = 2a$$

in der Umgebung von $y := t + a$.

Übung 8. Man zeige, daß in der Linearisierung von

$$y'' = f(y, t)$$

ε nicht als klein vorausgesetzt zu werden braucht.

4.3. *Grenzen der Linearisierung*

Man darf nicht glauben, daß jede Gleichung linearisiert werden kann. Im Gegensatz dazu gibt es Fälle, wo gerade die Nicht-Linearisierbarkeit das Wesentliche des Phänomens ausmacht, und wo die Linearisierung eine Verstümmelung bedeuten würde. Es handle sich zum Beispiel um die Gleichung

$$y' + |y| = 0.$$

Ihre Lösung ist $y = Ce^{-t^{\operatorname{sgn} C}}$.

Wenn $C > 0$: $\quad \operatorname{sgn} C := 1$,

Wenn $C < 0$: $\quad \operatorname{sgn} C := -1$,

Wenn $C = 0$: $\quad \operatorname{sgn} C := 0$.

Offensichtlich läßt sich diese Gleichung in der Umgebung von $y := 0$ nicht linearisieren.

Aufgabe 1

a) Man betrachte das lineare und homogene Differentialgleichungssystem

$$x_i = \sum_j a_{ij}(t) x_j \qquad \text{mit} \qquad |a_{ij}(t)| \leqq A$$

für $t \in [a, b]$, $i := 1, 2, \ldots, n$.

Man setze: $u = |x_1| + |x_2| + \cdots + |x_n|$.

Man zeige, daß gilt $u' \leqq nA\ u$.

b) Man leite daraus ab, daß keine Lösung des vorgelegten Systems im Intervall $[a, b]$ unendlich werden kann.

c) Man betrachte das inhomogene System

$$x_i' = \sum_j a_{ij}(t) x_j + b_i(t), \qquad |b_i(t)| \leqq K.$$

Man zeige, daß gilt $u' \leqq nAu + K$.

d) Man leite aus dieser Ungleichung eine Ungleichung für u ab, die beweist, daß eine Lösung des Systems im Intervall $[a, b]$ nicht unendlich werden kann.

e) Man setze

$$A := \|a_{ij}(t)\|, \qquad X := \|x_j\|.$$

Man zeige, daß gilt

$\forall i \forall j \, [a_{ij}(t) \geqq 0$ und $x_i(t_0) \geqq 0$ und $t \geqq t_0 \Rightarrow x_i(t) \geqq x_i(t_0)]$.

Aufgabe 2

Es handle sich um die Gleichung

$$y' = a(t)y^2 + b(t)y + c(t).$$

a) Man zeige, daß eine Transformation der unbekannten Funktion gemäß

$$y = \frac{p(t)z + q(t)}{r(t)z + s(t)}$$

eine neue Gleichung derselben Form ergibt.

b) Läßt sich eine Transformation der unbekannten Funktion so ausführen, daß in der neuen Gleichung kein Term in z^2 mehr auftritt? Man zeige, daß diese Bedingung erfüllt wird, wenn man für $r := 1$ und für p eine Lösung der vorgelegten Gleichung nimmt.

c) Läßt sich die Transformation der unbekannten Funktion so durchführen, daß in der neuen Gleichung kein Term in z mehr auftritt? Man zeige, daß man diese Bedingungen erfüllen kann, wenn man $q := s := 0$ setzt.

d) y_1 und y_2 seien Lösungen der vorgelegten Gleichung. Man setze

$$z := \frac{y - y_1}{y - y_2}.$$

Man schreibe die Gleichung für z an. Man integriere diese Gleichung.

Man zeige, daß das allgemeine Integral der vorgelegten Gleichung lautet:

$$\frac{y - y_1}{y - y_2} = k\,\frac{y_3 - y_1}{y_3 - y_2}.$$

Dabei ist k eine beliebige Konstante und y_3 eine weitere Lösung der vorgelegten Gleichung.

e) Man schließe daraus, daß die vorgelegte Gleichung ein und nur ein Integral besitzt, das für einen bestimmten nicht singulären Variablenwert unendlich wird.

Aufgabe 3

Es handle sich um die Differentialgleichung

$$y'' + \frac{1}{x}\, y' + a + by + cy^4 = 0, \qquad x > 0$$

(a, b, c positive Konstante).

a) Wo liegen die singulären Punkte dieser Gleichung?

b) Besitzt diese Gleichung eine konstante Lösung?

c) Man linearisiere die Gleichung in der Umgebung einer positiven Konstanten m. Besitzt die neue Gleichung dieselben singulären Punkte wie die Ausgangsgleichung?

d) Man untersuche die Lösungen der Gleichung ausgehend von einer Umgebung von $x := 0$. Man setze dazu $|y| \leqq M$ voraus.

Man schreibe

$$[xy']_\alpha^\beta + \int_\alpha^\beta x(a + by + cy^4)\, dx = 0$$

und zeige

daß xy' endlich bleibt,

daß $\lim\limits_{x\to 0} (xy')$ existiert,

daß dieser Grenzwert null ist,

daß $\lim\limits_{x\to 0} y' = 0$.

2. Schreibweisen für lineare Systeme

Oft treten lineare Gleichungssysteme auf, die eine große Zahl von unbekannten Funktionen (zum Beispiel 50 oder 100) enthalten. Für derartige Systeme ist eine zusammenfassende Schreibweise wünschenswert. Wir wollen hier zwei Wege angeben, die zu einer zusammenfassenden Schreibweise führen.

5.1. Matrixfunktion

Die Elemente einer Matrix lassen sich ohne Schwierigkeiten als Funktionen einer oder mehrerer Variablen auffassen. Eine derartige Matrix heißt *Matrixfunktion*.

Beispiel:

$$A(t) := \left\| \begin{matrix} a(t) & b(t) \\ c(t) & d(t) \end{matrix} \right\|.$$

Die Definition der Stetigkeit bereitet keine Schwierigkeiten.

Man sagt, eine Matrixfunktion sei *stetig*, wenn jedes Element der Matrix eine stetige Funktion darstellt.

5.2. Ableitung einer Matrixfunktion

Es handle sich um die Matrix

$$A(t) := \| a_{ij}(t) \|.$$

Definitionsgemäß ist die Ableitung einer Matrixfunktion

$$A'(t) \stackrel{\text{def}}{=} \| a'_{ij}(t) \|.$$

Man verwendet auch die Schreibweise: $\dfrac{dA(t)}{dt}$,

Übung 9. Man zeige anhand eines Beispiels, daß die Ableitung der Determinante einer quadratischen Matrix nichts mit der Determinante der abgeleiteten Matrix zu tun hat.

5.3. *Eigenschaften der Ableitung*

Die Ableitung einer Matrix besitzt die folgenden Eigenschaften:

a) $(A(t) + B(t))' = A'(t) + B'(t)$.

b) Führt man eine durch $u := f(t)$ gegebene Variablentransformation durch, so geht die Matrix $A(t)$ über in eine Matrix $B(u)$, und es gilt

$$\frac{dB(u)}{du} = \frac{dA(t)}{dt} \cdot \frac{dt}{du}.$$

Diese beiden Eigenschaften sind unmittelbar einzusehen.

c) $(A(t)\,B(t))' = A'(t)\,B(t) + A(t)\,B'(t)$.

Da das Matrixprodukt nicht kommutativ ist, muß man darauf achten, daß der zu A gehörige Ausdruck stets vor dem zu B gehörigen kommt. Wir wollen diese Formel beweisen und betrachten dazu die Matrizen

$$A(t) = \| a_{i,j}(t) \|, \qquad B(t) = \| b_{i,j}(t) \|,$$

$$A(t)\,B(t) = \| c_{i,j}(t) \| \quad \text{mit} \quad c_{i,j}(t) = \sum_{k=1}^{k=n} a_{i,k}(t)\,b_{k,j}(t),$$

$$\begin{aligned}[A(t)\,B(t)]' &= \| c'_{i,j}(t) \| \\ &= \| a'_{i,k}(t)\,b_{k,j}(t) \| + \| a_{i,k}(t)\,b'_{k,j}(t) \| \\ &= A'(t)\,B(t) + A(t)\,B'(t)\end{aligned}$$

Übung 10. Ist die Ableitung der transponierten Matrix gleich der Transponierten der Ableitung?

Übung 11. Man bilde die Ableitung der Inversen einer Matrix $A(t)$.

5.4. Integral über eine Matrix

Ohne Schwierigkeiten läßt sich (wie wir es bereits im Band *Unendliche Reihen*, Kapitel I, 4.3, angedeutet haben) auch das Integral über eine Matrix definieren. Für die Matrix

$$A(t) = \| a_{ij}(t) \|$$

zum Beispiel setzt man

$$\int_{t_0}^{t_1} A(t)\, dt := \left\| \int_{t_0}^{t_1} a_{ij}(t)\, dt \right\|.$$

6.1. Matrixschreibweise eines Differentialgleichungssystems

Wir kehren zum System (1) aus 1.1 zurück und setzen

$$A(t) := \begin{Vmatrix} a(t) & 0 \\ a_1(t) & 0 \end{Vmatrix}, \qquad B(t) := \begin{Vmatrix} b(t) & d(t) \\ b_1(t) & d_1(t) \end{Vmatrix},$$

$$C(t) := \begin{Vmatrix} c(t) & e(t) \\ c_1(t) & e_1(t) \end{Vmatrix}, \quad F(t) := \begin{Vmatrix} f(t) \\ f_1(t) \end{Vmatrix}, \quad Y(t) := \begin{Vmatrix} y(t) \\ z(t) \end{Vmatrix}.$$

Das System läßt sich somit in der folgenden Form schreiben:

$$\boxed{A(t)\, Y''(t) + B(t)\, Y'(t) + C(t)\, Y(t) = F(t).} \qquad \text{(II)}$$

Dies ist die Matrixschreibweise des Systems (I).

Man erkennt, daß eine derartige Schreibweise formal die Form einer Differentialgleichung zweiter Ordnung vermittelt (jedoch ist wegen der Nicht-Kommutativität der Matrizenmultiplikation Vorsicht geboten).

Ein System mit 50 Gleichungen zum Beispiel, das höchstens Ableitungen zweiter Ordnung enthält, läßt sich in der Form (2) angeben.

6.2. *Eigenschaften der Matrixschreibweise*

Wir wollen die Matrixgleichung (II) von links mit dem Zeilenvektor $\|p(t), q(t)\|$ multiplizieren.

Das Ergebnis ist gerade eine Linearkombination von zwei Gleichungen von (I) mit den Koeffizienten $p(t)$ und $q(t)$.

Multipliziert man (2) von links mit der quadratischen Matrix

$$P(t) := \begin{Vmatrix} p(t) & q(t) \\ r(t) & s(t) \end{Vmatrix},$$

so erhält man

$$P(t)\,A(t)\,Y''(t) + P(t)\,B(t)\,Y'(t) + P(t)\,C(t)\,Y(t) = P(t)\,F(t).$$

Die beiden Zeilen dieser Matrixgleichung stellen zwei Linearkombinationen der zwei Gleichungen von (1) mit den Koeffizienten $p(t)$, $q(t)$ und $r(t)$, $s(t)$ dar. Wenn insbesondere $P^{-1}(t)$ existiert, so ist das neue System äquivalent dem ursprünglichen System.

6.3. *Aufgelöste Matrixschreibweise*

Als *aufgelöste Matrixschreibweise* wird eine Schreibweise bezeichnet, bei der die Spalte der Ableitungen der höchsten Ordnung allein auf einer Gleichungsseite auftritt. Eine derartige Schreibweise gibt es im Fall des Systems (1) nicht und im allgemeinen auch nicht in allen Fällen, wo die verschiedenen unbekannten Funktionen in der höchsten auftretenden Ableitung nicht dieselbe Ordnung besitzen. Dieser Umstand ist der Hauptgrund dafür, daß die Matrixschreibweise manchmal unbequem sein kann.

6.4. *Kanonische Matrixschreibweise*

Der kanonischen Form entspricht die Matrixschreibweise

$$Y' = A\,Y + B$$

im allgemeinen Fall und

$$Y' = A\,Y$$

im homogenen Fall.

Übung 12. Man schreibe das folgende System in Matrixform:

$$p_0 = A_0 u_0', \qquad p_1 = A_1 u_1', \qquad p_2 = A_2 u_2',$$

$$p_0' = k(u_0 - u_1), \; p_1' = k(2u_1 - u_0 - u_2), \; p_2' = k(u_2 - u_1).$$

Man schreibe ein System an, das nur mehr die Funktionen u enthält.

7.1. *Differentialoperator*

Eine Abbildung Ω aus der Menge der p-mal differenzierbaren Funktionen in die Menge aller Funktionen, die der Funktion $f(t)$ den Ausdruck

$$\Omega f \overset{\text{def}}{=} a_p(t)\,\frac{d^p f}{dt^p} + a_{p-1}(t)\,\frac{d^{p-1} f}{dt^{p-1}} + \cdots + a_0(t) f$$

zuordnet, heißt *Differentialoperator*. Es handelt sich also um einen Ausdruck, der bezüglich der Funktion und ihrer Ableitungen bis einschließlich p-ter Ordnung linear ist.

Für den Operator selbst schreibt man

$$a_p(t)\,\frac{d^p}{dt^p} + a_p(t)\,\frac{d^{p-1}}{dt^{p-1}} + \cdots + a_0(t).$$

(Der $\cdot$ soll darauf hinweisen, daß a_0 ein multiplikativer Koeffizient ist.) Man stellt den Operator auch durch den Buchstaben Ω allein dar.

7.2. *Beispiele für Operatoren aus der Physik*

Zahlreiche physikalische Zusammenhänge werden durch Operatoren beschrieben. Hier ein Beispiel:

Es handle sich um einen elektrischen Stromkreis mit in Serie geschalteter Selbstinduktion und OHMschem Widerstand. Die Stromstärke i und die Spannung an den Enden e sind durch die Beziehung

$$L\frac{di}{dt} + Ri = e$$

verknüpft, oder auch, wenn man setzt

$$Z := L\frac{d}{dt} + R$$

durch die Beziehung

$$Zi = e.$$

Hier liegt also dieselbe Schreibweise vor wie beim OHMschen Gesetz für einen Gleichstrom.

7.3. *Linearität von Operatoren*

Wir betrachten einen Vektorraum F (über einem Körper k) von bis zur Ordnung n differenzierbaren Funktionen.

Offensichtlich gilt

$$\begin{matrix} p \in k, & q \in k \\ f \in F, & g \in F \end{matrix} \quad \Leftrightarrow \quad \Omega(pf + qg) = p\Omega f + q\Omega g.$$

Der Operator wirkt also in linearer Weise auf die Funktionen von F.

8.1. Der Vektorraum der Operatoren

Wir betrachten die Menge der Operatoren, die auf beliebig oft differenzierbare Funktionen anwendbar sind:

$$I := a_p \frac{d^p}{dt^p} + \cdots + a_0 \cdot$$

$$J := b_p \frac{d^p}{dt^p} + \cdots + b_0 \cdot$$

(Man darf stets annehmen, daß die in beiden Operatoren vorkommenden Ableitungen dieselben sind. Andernfalls hat man sich Terme hinzuzudenken, deren Koeffizienten null sind.)

$$I + J \overset{\text{def}}{=} (a_p + b_p) \frac{d^p}{dt^p} + \cdots + (a_0 + b_0) \cdot$$

ist ein neuer Operator, der als *Summe von I und J* bezeichnet wird.

Die Addition von Operatoren ist offensichtlich kommutativ und assoziativ:

$$I + J = J + I,$$

$$(I + J) + K = I + (J + K).$$

Der Operator $\varnothing$, dessen Koeffizienten alle null sind, ist offensichtlich das neutrale Element dieser Addition:

$$I + \varnothing = \varnothing + I = I.$$

Schließlich gibt es zu jedem Operator einen dazu entgegengesetzten:

$$-I := -a_p \frac{d^p}{dt^p} - \cdots - a_0 \cdot$$

Natürlich gilt $I + (-I) = \varnothing$.

Wir setzen noch für $\alpha \in k$

$$\alpha I \overset{\text{def}}{=} \alpha a_p(t) \frac{d^p}{dt^p} + \cdots + \alpha a_0(t)\cdot$$

Dieser neue Operator wird als *Produkt von I mit* α bezeichnet.

Es gelten die folgenden Beziehungen:

$$\begin{aligned} \alpha(I + J) &= aI + \alpha J \\ (\alpha + \beta)I &= \alpha I + \beta I \\ \alpha(\beta I) &= (\alpha\beta)I \\ 1I &= I. \end{aligned}$$

Die Operatoren bilden also einen Vektorraum über dem Körper k.

8.2. *Eigenschaften bezüglich der Funktionen*

Man sieht unmittelbar

$$\begin{aligned} (I + J)f &= If + Jf \\ (\alpha I)f &= \alpha(If). \end{aligned}$$

Wenn schließlich $If = Jf$ für alle Funktionen f (oder sogar nur für alle Polynome), so gilt $I = J$.

Es genügt zu zeigen, daß

$$K := a_p(t) \frac{d^p}{dt^p} + \cdots + a_0(t)\cdot$$

Aus $Kf = 0$ für alle Polynome folgt $K = \varnothing$.

Für $f := 1$ findet man $a_0(t) = 0$, für $f(t) := t$ findet man $a_1(t) = 0$ usw.

Insbesondere ist ein Operator bereits definiert, wenn seine Wirkung auf eine Familie von Funktionen bekannt ist, die alle Polynome umfaßt.

8.3. *Ring von Operatoren*

Unter anderem läßt sich auch ein Produkt von Operatoren definieren:

$$(IJ)f \overset{\text{def}}{=} I(Jf),$$

Das Ergebnis ist ebenfalls ein Operator. $I(Jf)$ ist eine Summe von Gliedern der Form

$$a_q(t) \frac{d^q}{dt^q} \left(b_r(t) \frac{d^r f}{dt^r} \right).$$

Führt man die Ableitungen der Produkte aus, so findet man $\sum\limits_s c_s(t) \dfrac{d^s}{dt^s}$.

Das Produkt der Operatoren ist wie jedes Produkt von Transformationen assoziativ: $(IJ)K$ und $I(JK)$ bedeuten, daß die Abbildungen hintereinander ausgeführt werden:

$$I\big(J(Kf)\big) \leftarrow J(Kf) \leftarrow Kf \leftarrow f.$$

Das Produkt ist distributiv bezüglich der Summe:

$$(I + J)K = IK + JK,$$

$$I(J + K) = IJ + IK.$$

Es gilt zum Beispiel

$$\big((I + J)K\big)f = (I + J)(Kf) = I(Kf) + J(Kf)$$
$$= IK(f) + JK(f) = (IK + JK)f.$$

Das Produkt eines Operators mit einem Element α von k ist ein Spezialfall des Produktes zweier Operatoren.

8.4. *Nicht-Kommutativität des Produktes*

Im Gegensatz dazu ist das Produkt im allgemeinen nicht kommutativ: IJ und JI sind im allgemeinen verschiedene Operatoren.

Es gelte zum Beispiel

$$I := \frac{d}{dt} \qquad \text{und} \qquad J := t\,\frac{d}{dt},$$

$$IJ = \frac{d}{dt} + t\,\frac{d^2}{dt^2}, \qquad JI = t\,\frac{d^2}{dt^2}.$$

Übung 13. Man bilde das Produkt der Operatoren

$$I := \sin t\,\frac{d^2}{dt^2} + \cos t\,\frac{d}{dt} + \exp t,$$

$$J := t^2\,\frac{d^2}{dt^2} + t\,\frac{d}{dt} + 2.$$

Übung 14. Man bestimme alle Fälle, in denen zwei Differentialoperatoren erster Ordnung vertauschbar sind.

9.1. *Schreibweise eines linearen Systems mit Hilfe von Operatoren*

Wir kehren nun zurück zum System

$$a_1(t)y'' + b_1(t)y' + c_1(t)y + d_1(t)z' + e_1(t)z = f_1(t)$$
$$a_2(t)y'' + b_2(t)y' + c_2(t)y + d_2(t)z' + e_2(t)z = f_2(t).$$

Dafür schreibt man mit evidenter Bezeichnungsweise:

$$\boxed{\begin{aligned} A_1y + D_1z &= f_1 \\ A_2y + D_2z &= f_2. \end{aligned}} \tag{1}$$

Diese Schreibweise hat formal die Form eines Gleichungssystems ersten Grades.

Prüfen wir nun den Vorteil, der sich bei einem System von 50 Gleichungen mit 50 Unbekannten mit Ableitungen der Ordnung 2 ergibt. Formal hat man die Schreibweise für ein System von 50 Gleichungen ersten Grades. Diese ist daher noch sehr mühevoll.

10.1. Matrixoperationen

Die Frage drängt sich auf, ob man das System (1) aus 9.1 nicht in Matrixform schreiben könnte, indem man setzt

$$\mathscr{A} := \begin{Vmatrix} A_1 & D_1 \\ A_2 & D_2 \end{Vmatrix}, \quad Y := \begin{Vmatrix} y \\ z \end{Vmatrix}, \quad F := \begin{Vmatrix} f_1 \\ f_2 \end{Vmatrix}.$$

Dies ist tatsächlich möglich. Man erinnere sich, daß die Theorie der Addition und Multiplikation von Matrizen nur voraussetzt, daß diese Operationen zwischen den Matrizenelementen definiert sind. Die Addition muß assoziativ und kommutativ und die Multiplikation assoziativ und distributiv sein, was hier der Fall ist.

Das Differentialgleichungssystem aus 9.1 schreibt man daher in der Form

$$\mathscr{A}\, Y = F\,.$$

Diesmal haben wir formal die Schreibweise wie für eine Gleichung ersten Grades mit einer Unbekannten, d. h., die Schreibweise für ein lineares Problem ist so einfach, wie man es sich nur vorstellen kann. Diese Schreibweise bleibt immer dieselbe, wie immer auch das betrachtete lineare System lauten mag.

Übung 15. Kann das Produkt von zwei von Null verschiedenen Operatoren identisch Null sein?

Aufgabe 4

Man stelle sich die Aufgabe, für quadratische Matrizen der Ordnung 2 eine Theorie zu konstruieren, die analog zur Theorie der Ableitung von Funktionen komplexer Variabler ist. Zu diesem Zwecke betrachte man die Matrix

$$X := \begin{Vmatrix} x & y \\ z & t \end{Vmatrix},$$

welche die Rolle der unabhängigen Variablen spielt, und die Matrix

$$F := \begin{Vmatrix} a & b \\ c & d \end{Vmatrix},$$

die die Rolle der Funktion zu übernehmen hat. Die Elemente a, b, c, d sind Funktionen der vier unabhängigen Variablen x, y, z, t.

Auf allgemeine Art bezeichne man den Zuwachs einer Größe u oder einer Matrix V durch δu, δV.

a) Unter welchen Bedingungen für a, b, c, d existiert eine quadratische Matrix der Ordnung 2:

$$Q := \begin{Vmatrix} p & 2 \\ r & s \end{Vmatrix},$$

deren Elemente Funktionen von x, y, z, t sind, so daß

$$\lim_{\delta x, \delta y, \delta z, \delta t \to 0} (\delta F)(\delta X)^{-1} = Q.$$

b) Man integriere die gefundenen Bedingungen und zeige, daß die Matrix Q eine konstante Matrix ist. Man leite daraus einen Ausdruck für die allgemeinste Matrix F ab, die den auferlegten Bedingungen genügt.

c) Man betrachte die Funktion $F := X^2$. Man bilde in diesem Fall $(\delta F)(\delta X)^{-1}$ und benutze das gefundene Ergebnis, um die Aussichtslosigkeit des in a) vorgeschlagenen Versuches zu illustrieren.

Aufgabe 5

Man betrachte den Differentialoperator zweiter Ordnung:

$$\Omega := a(t) \frac{d^2}{dt^2} + b(t) \frac{d}{dt} + c(t).$$

und die zwei Operatoren erster Ordnung

$$A_1 := \alpha_1(t) \frac{d}{dt} + \beta_1(t).$$

$$A_2 := \alpha_2(t) \frac{d}{dt} + \beta_2(t).$$

a) Man setze $A_1 A_2 = \Omega$.

b) Man wähle $\alpha_2(t)$ beliebig. Man schreibe die Gleichungen an, welche die anderen Koeffizienten bestimmen. Ist diese Bestimmung immer möglich?

c) Man vergleiche die singulären Punkte des gefundenen Systems mit denen von

$$ay'' + by' + cy = 0.$$

d) Man zeige, daß man im allgemeinen $\beta_2(t)$ so bestimmen kann, daß $\beta_2(0) := 0$ (wobei stets $\alpha_2(t)$ gegeben ist). Wieviele Möglichkeiten gibt es?

e) Man zeige, daß die Lösung von $A_2 y = 0$ mit der Bedingung $y(1) = 1$ dann die Lösung des Randwertproblems

$$ay'' + by' + cy = 0,$$

$$y'(0) = 0, \qquad y(1) = 1$$

darstellt.

Aufgabe 6

Man betrachte den Operator

$$\Omega := t^2 \frac{d^2}{dt^2} - 6t \frac{d}{dt} + 6.$$

a) Man zeige, daß zwei Zahlen α und β existieren mit

$$\Omega = \left(t\frac{d}{dt} - \alpha\cdot\right)\left(t\frac{d}{dt} - \beta\cdot\right).$$

b) Ist das Produkt der beiden Operatoren $t\frac{d}{dt} - \alpha\cdot$, $t\frac{d}{dt} - \beta\cdot$, kommutativ?

c) Man löse

$$t\frac{dz}{dt} - \beta z = 0 \quad \text{und} \quad t\frac{dy}{dt} - \alpha y = z.$$

Man leite daraus die Lösung von $\Omega y = 0$ ab.

d) Kann man auf dieselbe Weise auch die Gleichung $\Omega y = t^2$ behandeln?

Aufgabe 7

Als Skalarprodukt der zwei Funktionen $u(t)$ und $v(t)$, die im Intervall $[a, b]$ definiert seien, betrachte man die Größe

$$\langle u, v\rangle := \int_a^b u(t)\, v(t)\, dt.$$

Ein Differentialoperator heißt *symmetrisch* auf einer Menge E von Funktionen, wenn

$$u \in E,\ v \in E \Rightarrow \langle Ku, v\rangle = \langle u, Kv\rangle.$$

a) Man zeige, daß der Operator $\frac{d^2}{dt^2} + k$ ($k = \text{const}$) in $[0, 1]$ auf der Menge der Funktionen $f(t)$ symmetrisch ist, die zweimal stetig differenzierbar sind und die der Bedingung

$$f(0) + \alpha f'(0) = 0, \quad f(1) + \beta f'(1) = 0$$

genügen.

b) Man weise durch ein Gegenbeispiel nach, daß der Operator $\frac{d^2}{dt^2} + k$ in $[0, 1]$ auf der Menge aller stetig differenzierbaren Funktionen nicht symmetrisch ist.

c) Man zeige, daß der Operator $(t^2 - 1)\frac{d^2}{dt^2} + 2t\frac{d}{dt} + k$ $(k = \text{const})$ symmetrisch ist im Intervall $[-1, +1]$ auf der Menge der zweimal stetig differenzierbaren Funktionen.

d) Der Operator K^* heißt adjungiert zum Operator K im Intervall $[a, b]$ für eine Menge E von zweimal stetig differenzierbaren Funktionen, wenn gilt

$$u \in E,\quad v \in E \Rightarrow \langle Ku, v\rangle = \langle u, K^*v\rangle.$$

Man zeige, daß diese Beziehung symmetrisch in u und v ist.

e) Man bestimme eine Menge von auf $[0, 1]$ definierten Funktionen, so daß der Operator

$$K := \frac{d^2}{dt^2} + \lambda\frac{d}{dt} + k\cdot$$

einen adjungierten Operator der Form

$$K^* := \frac{d^2}{dt^2} - \lambda\frac{d}{dt} + k\cdot \quad (k, \lambda = \text{const})$$

besitzt.

3. Lösungsformen

11.1. Das Superpositionsprinzip

Es handle sich um das mit Hilfe von Matrixoperatoren geschriebene System:

$$\mathscr{A}(t)\; Y(t) = F_1(t)$$

mit dem Lösungsvektor $Y_1(t)$. Das System

$$\mathscr{A}(t)\; Y(t) = F_2(t)$$

unterscheidet sich vom ersten nur durch die rechte Seite. Es besitze den Lösungsvektor $Y_2(t)$. Für zwei beliebige Konstante p und q ist $p\,Y_1(t) + qY_2(t)$ eine Lösung von

$$\mathscr{A}(t)\,Y(t) = pF_1(t) + qF_2(t),$$

wie man unmittelbar einsieht.

Dieses Theorem ist der mathematische Ausdruck des in der Physik häufig benutzten *Superpositionsprinzipes.*

11.2. Operationen, welche die Linearität erhalten

Wir stellen uns nun die Frage, welche Operationen man auf ein lineares System ausüben darf, ohne dessen linearen Charakter zu verlieren.

11.3. Variablentransformation

Wir betrachten das System in aufgelöster Form

$$\begin{aligned} y'' &= a(t)y' + b(t)y + c(t)z + d(t) \\ z' &= e(t)y' + f(t)y + g(t)z + h(t) \end{aligned}$$

und die durch $u := \varphi(t)$ definierte Variablentransformation. Man erhält

$$y'_t = y'_u u'_t; \qquad z'_t = z'_u u'_t, \qquad y''_{t^2} = y''_{u^2}(u'_t)^2 + y'_u u''_{t^2}.$$

Die alten Ableitungen sind lineare Funktionen der neuen Ableitungen.

Man findet also wieder ein lineares System. Wir überlassen es dem Leser, das neue System explizit anzuschreiben. Um dieses in seine aufgelöste Form zu bringen, genügt es, wenn man die erste Gleichung durch $(u'_t)^2$ und die zweite durch u'_t dividiert.

Die eben gefundene Eigenschaft ist offensichtlich allgemeingültig.

Wenn das gegebene System homogen ist, so auch das transformierte System.

Übung 16. Man führe in der Gleichung

$$x^2 y'' + axy' + by = f(x)$$

die Variablentransformation $t := \log x$ durch.

11.4. Lineare Transformation der unbekannten Funktionen in einem linearen System

Wir betrachten ein lineares System, das wir uns bereits so umgeformt denken, daß darin nur die ersten Ableitungen auftreten:

$$A(t)\, X'(t) + B(t)\, X(t) + C(t) = 0. \tag{1}$$

Man setze voraus, daß für $t \in [a, b]$

$$\det A(t) \neq 0.$$

In diesem System führen wir eine lineare Transformation der unbekannten Funktionen durch, die durch

$$X(t) = P(t)\, Y(t) + Q(t) \tag{2}$$

gegeben sei. Diese Transformation muß umkehrbar sein. Wir machen daher auch die Voraussetzung

$$\det P(t) \neq 0 \quad \text{für} \quad t \in [a, b].$$

Man darf somit schreiben

$$X' = P\,Y' + P'\,Y + Q',$$
$$A(P\,Y' + P'\,Y + Q') + B(P\,Y + Q) + C = 0$$

oder auch

$$A P\, Y' + (A P' + BP)\, Y + AQ' + BQ + C = 0$$
$$\text{und } \det(AP) = \det A \det P \neq 0, \tag{3}$$

Betrachtet man das dem System (1) zugeordnete homogene System und die homogene Transformation der unbekannten Funktionen

$$X = P(t)\, Y(t),$$

so findet man

$$A P Y' + (A P' + B P) Y = 0,$$

also das (3) zugeordnete homogene System.

Übung 17. Man führe in dem System

$$y'' + y' + z = 0,$$
$$z' + 3y = 0$$

die Transformation der unbekannten Funktionen

$$u := 3y + z, \quad v := y - 2z$$

durch. Das neue System soll u'' und v' enthalten.

12.1. Lösungsmatrix eines homogenen Systems in kanonischer Form

Wir betrachten das homogene System in kanonischer Form

$$X' = A X.$$

Wir wollen überprüfen, was die Beziehung

$$M' = A M$$

bedeuten kann, wenn M eine Matrix mit mehreren Spalten ist. Auf Grund der Definition des Matrizenproduktes gilt für jede Spalte M_1, M_2 usw. einzeln die Gleichung

$$M_1' = A M_1, \qquad M_2' = A M_2 \text{ usw.}$$

Mit anderen Worten, jede Spalte von M ist eine Lösung von $X' = A X$.

Wir sagen daher, M sei eine *Lösungsmatrix*.

Übung 18. Man zeige, daß das System

$$y' = z,$$
$$z' = -y$$

die Lösungsmatrix

$$M(t) := \begin{Vmatrix} \cos t & \sin t & 2\sin t + 3\cos t \\ -\sin t & \cos t & 2\cos t - 3\sin t \end{Vmatrix}$$

besitzt.

12.2. Theorem über die Lösungsmatrix

$[a, b]$ sei ein Intervall von t-Werten ohne singuläre Punkte für das Differentialgleichungssystem $X' = AX$.

M sei eine Lösungsmatrix, deren Spalten für $t := t_0$, $t_0 \in [a, b]$ linear abhängig seien. Für einen geeigneten Vektor C gilt dann

$$M(t_0)C = 0, \qquad C \neq 0.$$

Daraus folgt für beliebige t

$$M(t)C = 0.$$

Aus $M' = AM$ schließt man nämlich

$$(MC)' = M'C = AMC = A(MC).$$

MC ist also eine Lösung von $X' = AX$.

Der Anfangswert dieses Spaltenvektors ist aber $M(t_0)C = 0$. Aus dem Existenz- und Eindeutigkeitstheorem folgt, daß diese Spalte identisch null ist für alle $t \in [a, b]$.

Übung 19. Man wende das vorausgehende Ergebnis auf die Matrix aus Übung 18 für $t_0 := 0$ an.

12.3. Fundamentalsystem von Lösungen für ein homogenes System

M sei eine quadratische Lösungsmatrix, deren Determinante für $t := t_0$ von Null verschieden ist. Nach dem Vorausgehenden ist die Determinante dieser Matrix auch für $t \in [a, b]$ ungleich Null. Die Spalten von M bilden ein Lösungssystem, das man als *Fundamentalsystem* von Lösungen bezeichnet.

12.4. Form der Lösung eines homogenen Systems

Wir kehren zum System

$$X' = A X$$

zurück und transformieren die unbekannten Funktionen mit Hilfe von $X = M Z$, wobei M ein Fundamentalsystem von Lösungen und Z den Spaltenvektor der neuen Unbekannten bezeichnen soll.

Man erhält

$$M' Z + M Z' = A M Z .$$

Diese Gleichung reduziert sich zu $M Z' = 0$ oder, da M eine von Null verschiedene Determinante besitzt, zu $Z' = 0$, d. h., es gilt $Z = \text{const.}$

Dieses Ergebnis formuliert man auf die folgende Weise: Jede Lösung eines homogenen Systems in kanonischer Form erhält man durch eine Linearkombination von Lösungen aus einem Fundamentalsystem mit beliebigen konstanten Koeffizienten.

Übung 20. Man gebe die allgemeine Lösung des folgenden Systems an:

$$\begin{vmatrix} y & t & \exp t \\ y' & 1 & \exp t \\ z & t^2 & 1 \end{vmatrix} = 0, \qquad \begin{vmatrix} y & t & \exp t \\ z & t^2 & 1 \\ z' & 2t & 0 \end{vmatrix} = 0.$$

Es wird sich zeigen, daß zwei Lösungen dieses Systems bekannt sind.

13.1. Form der Lösung eines inhomogenen Systems

Wir betrachten das System in kanonischer Form:

$$Y' = A Y + B .$$

Wir wenden das Superpositionstheorem in den folgenden Bedingungen an:

Inhomogene Terme	B	B	$B - B$
Lösung	Y_1	Y_2	$Y_1 - Y_2$

Die Differenz zweier Lösungen des vollständigen Systems ist eine Lösung des homogenen Systems.

Wir wenden nochmals dasselbe Theorem an:

Inhomogene Terme	B	0	B
Lösung	Y_1	Y_0	$Y_1 + Y_0$

Die Summe einer Lösung des vollständigen Systems und einer Lösung des homogenen Systems ist eine Lösung des vollständigen Systems.

Die Zusammenfassung der beiden obigen Ergebnisse lautet:

Jede Lösung eines inhomogenen Systems erhält man durch Addition einer geeigneten Lösung des homogenen Systems zu einer partikulären Lösung des inhomogenen Systems.

Wir betrachten zum Beispiel das System

$$y''(t) = a(t)y' + b(t)y + c(t)z + k(t),$$
$$z'(t) = e(t)y' + f(t)y + g(t)z + h(t).$$

Alle seine Integrale erhält man durch die Formel

$$y = K_1 y_1(t) + K_2 y_2(t) + K_3 y_3(t) + y_4(t),$$
$$z = K_1 z_1(t) + K_2 z_2(t) + K_3 z_3(t) + z_4(t),$$

wobei $y_1(t), z_1(t); y_2(t), z_2(t); y_3(t), z_3(t)$ drei Lösungen des homogenen Systems sind, die ein Fundamentalsystem bilden und wobei $y_4(t), z_4(t)$ eine Lösung des vorgelegten Systems ist.

Aufgabe 8

Die n-Funktionen $y_1(t), y_2(t), \ldots, y_n(t)$ heißen linear abhängig, wenn es n Konstante $\lambda_1, \ldots, \lambda_n$ gibt, die nicht alle null sind, so daß

$$\lambda_1 y_1(t) + \cdots + \lambda_n y_n(t) = 0.$$

a) Man zeige, daß für n linear abhängige Funktionen die Determinante

$$\begin{vmatrix} y_1 & y_2 & \cdots y_n \\ y_1' & y_2' & \cdots y_n' \\ \dots & \dots & \dots \\ y_1^{(n-1)} & y_2^{(n-1)} & \cdots y_n^{(n-1)} \end{vmatrix}$$

identisch Null ist.

b) Man nehme an, daß die obige Determinante identisch Null ist.

Es sei q die größte ganze Zahl, für die eine nicht identisch verschwindende Unterdeterminante existiert, die man aus den ersten q Zeilen und q passenden Spalten erhalte (man darf annehmen, daß dies die q ersten Spalten seien). Man zeige, daß die Differentialgleichung

$$\begin{vmatrix} y_1 & y_2 \cdots y_q & y \\ y_1' & y_2' \cdots y_q' & y' \\ \dots & \dots & \dots \\ y_1^{(q)} & y_2^{(q)} \cdots y_q^{(q)} & y^{(q)} \end{vmatrix} = 0$$

die Ordnung q besitzt und daß $y_1, y_2, \ldots, y_q$ ein Fundamentalsystem von Lösungen darstellt. Man zeige, daß auch $y_{q+1}, \ldots, y_n$ Lösungen dieser Gleichung sind und daß die n Funktionen daher linear abhängig sind.

c) Man zeige, daß es genau eine lineare Differentialgleichung der Ordnung n gibt, die n gegebene und linear unabhängige Funktionen $y_1(t), \ldots, y_n(t)$ als Lösung besitzt.

Man zeige, daß diese Funktionen ein Fundamentalsystem von Lösungen für die gefundene Gleichung bilden.

d) Wenn die Funktionen $y_1(t)$ und $y_2(t)$ linear unabhängig sind, gilt das auch für die Funktionen $y_1^2(t)$, $y_1(t)y_2(t)$, $y_2^2(t)$?

e) y_1 und y_2 seien zwei Lösungen der Gleichung zweiter Ordnung

$$y'' = a(t)y' + b(t)y.$$

Man leite daraus ab, daß es eine lineare Gleichung dritter Ordnung gibt, für die y_1^2, y_1y_2, y_2^2 ein Fundamentalsystem von Lösungen bilden.

Man bestimme diese Gleichung in Abhängigkeit von a und b.

f) Man zeige am Beispiel der Funktionen e^x, e^{2x}, e^{3x}, daß bei drei linear unabhängigen Funktionen deren Quadrate und zweifachen Produkte nicht immer sechs linear unabhängige Funktionen liefern.

Aufgabe 9

a) $X(t)$ sei eine quadratische Matrix der Ordnung 2 mit

$$X'' + X = 0 \tag{1}$$

Von wieviel Parametern hängt die Lösung dieses Systems ab?

b) Man zeige, daß jede Lösung von (1) der Gleichung (2)

$$X'^2 + X^2 = \text{const} \tag{2}$$

genügt.

c) Man bestimme die Lösung von (1), die den Anfangsbedingungen $X(0) := 0\, X'(0) := 1$ genügt.

Man bezeichne diese Lösung in Zukunft mit $SIN(t)$.

d) Existiert noch eine andere Lösung, die die Bezeichnung $COS(t)$ verdienen würde?

e) Erfüllen diese Lösungen die Gleichung

$$SIN^2(t) + COS^2(t) = I.$$

f) Man zeige, daß

$$SIN^2(t) + X^2(t) = I$$

zahlreiche Lösungen besitzt, die nicht alle auch Lösungen von $X'' + X = 0$ sind.

g) Man zeige, daß wenn man sich auf die Lösungen von $X'' + X = 0$ beschränkt, diese immer noch zahlreich sind.

4. Partikuläre Lösungen

14.1. Vorbereitende Bemerkung

Die Methoden, die wir hier anführen wollen, sind Verallgemeinerungen der Methode der Variation der Konstanten.

Diese Methode erfordert, daß man wenigstens eine von Null verschiedene Lösung der homogenen Gleichung kennt, was im allgemeinen nicht der Fall ist.

Während die Gleichung erster Ordnung

$$y' = a(t)y$$

durch eine Quadratur gelöst wird, kann man im allgemeinen keine Lösung finden, wenn die homogene Gleichung oder das homogene System die Ordnung 2 oder eine höhere Ordnung besitzt.

14.2. Aufspaltung eines Systems, wenn man eine Lösung des zugeordneten homogenen Systems kennt

Wir betrachten das System

$$\begin{aligned} y'(t) &= a(t)y + b(t)z + c(t)u + d(t) \\ z'(t) &= e(t)y + f(t)z + g(t)u + h(t) \\ u'(t) &= i(t)y + j(t)z + k(t)u + l(t) \end{aligned}$$

und das entsprechende homogene System

$$\begin{aligned} y'(t) &= a(t)y + b(t)z + c(t)u \\ z'(t) &= e(t)y + f(t)z + g(t)u \\ u'(t) &= i(t)y + j(t)z + k(t)u. \end{aligned}$$

Es sei $y_1(t)$, $z_1(t)$, $u_1(t)$ eine Lösung des homogenen Systems, die nicht identisch Null ist.

Wenigstens eine der drei Funktionen ist somit nicht identisch Null. Wir dürfen annehmen, daß dies für $y_1(t)$ zutrifft. Wir betrachten ein Intervall $[a, b]$ ohne singuläre Werte, so daß $y_1(t) \neq 0$ für $t \in [a, b]$ und setzen

$$\begin{aligned} y &= y_1(t)\,Y \\ z &= z_1(t)\,Y + Z \\ u &= u_1(t)\,Y + U \end{aligned}$$

mit den neuen unbekannten Funktionen Y, Z und U (die Determinante der Transformation ist $y_1(t)$ und daher ungleich 0).

Das homogene System und das vollständige System gehen dazu über in

$$\begin{aligned} Y' &= p(t)\,Y + q(t)Z + r(t)\,U \\ Z' &= p_1(t)\,Y + q_1(t)Z + r_1(t)\,U \\ U' &= p_2(t)\,Y + q_2(t)Z + r_2(t)\,U \end{aligned}$$

und

$$\begin{aligned} Y' &= p(t)\,Y + q(t)Z + r(t)\,U + s(t) \\ Z' &= p_1(t)\,Y + q_1(t)Z + r_1(t)\,U + s_1(t) \\ U' &= p_2(t)\,Y + q_2(t)Z + r_2(t) + s_2(t). \end{aligned}$$

Das homogene System besitzt die Lösung

$$Y: = 1,\ Z := 0,\ U := 0.$$

Daraus folgt $p := p_1 := p_2 := 0$.

Damit erhält man für das vollständige System

$$\begin{aligned} Z' &= q_1 Z + r_1 U + s_1 \\ U' &= q_2 Z + r_2 U + s_2 \\ Y' &= q Z + r U + s. \end{aligned}$$

Die zwei ersten Gleichungen bilden ein System der Ordnung 2. Integriert man diese, so erhält man anschließend Y aus der dritten Gleichung durch eine Quadratur.

Übung 21. Kann diese Methode irgend etwas zur Lösung eines homogenen Systems beitragen?

Übung 22. Man integriere $y'' - y = e^{-t^2/2}$. Die homogene Gleichung hat die Lösung $y := e^t$.

Übung 23. Man integriere das System

$$x' = -\frac{1}{2t}x + \frac{1}{2t^2}y,$$

$$y' = \frac{1}{2}x + \frac{1}{2t}y.$$

Man weiß, daß es die Lösung

$$x := 1, \quad y := t$$

besitzt.

14.3. Aufspaltung, wenn man zwei Lösungen des homogenen Systems kennt

Wir kehren zum System aus 14.2 zurück und nehmen an, daß zwei linear unabhängige Lösungen bekannt seien:

$$\begin{matrix} y_1(t) & y_2(t) \\ z_1(t) & z_2(t) \\ u_1(t) & u_2(t) \end{matrix}$$

Das bedeutet, daß die Spalten

$$\begin{matrix} y_1 & y_2 \\ z_1 & z_2 \\ u_1 & u_2 \end{matrix}$$

für keinen Wert eines Intervalls $[a, b]$, das keine singulären Werte enthält, proportional sind. Daher ist mindestens eine der Determinanten

$$\begin{vmatrix} y_1 & y_2 \\ z_1 & z_2 \end{vmatrix} \qquad \begin{vmatrix} y_1 & y_2 \\ u_1 & u_2 \end{vmatrix} \qquad \begin{vmatrix} z_1 & z_2 \\ u_1 & u_2 \end{vmatrix}$$

nicht identisch Null in $[a, b]$. Wir nehmen an, daß dies für die erste zutrifft.

Wir wählen nun ein Intervall $[c, d] \subseteq [a, b]$ so daß

$$\begin{vmatrix} y_1 & y_2 \\ z_1 & z_2 \end{vmatrix} \neq 0 \quad \text{für} \quad t \in [c, d]$$

und setzen

$$\begin{aligned} y &= y_1 Y + y_2 Z \\ z &= z_1 Y + z_2 Z \\ u &= u_1 Y + u_2 Z + U \end{aligned}$$

mit den neuen unbekannten Funktionen Y, Z, U.

Führt man die Transformation im homogenen und im vollständigen System durch, so erhält man

$$\begin{aligned} Y' &= p Y + q Z + r U \\ Z' &= p_1 Y + q_1 Z + r_1 U \\ U' &= p_2 Y + q_2 Z + r_2 U \end{aligned}$$

und

$$\begin{aligned} Y' &= p Y + q Z + r U + s \\ Z' &= p_1 Y + q_1 Z + r_1 U + s_1 \\ U' &= p_2 Y + q_2 Z + r_2 U + s_2. \end{aligned}$$

Aber das homogene System besitzt die beiden Lösungen

$$\begin{array}{lll} Y := 1 & & Y := 0 \\ Z := 0 & \text{und} & Z := 1 \\ U := 0 & & U := 0 \end{array}$$

Daraus folgt

$$p = p_1 = p_2 = q = q_1 = q_2 = 0.$$

Das vollständige System reduziert sich also auf die Gleichung

$$U' = r_2 U + s_2(t)$$

und die beiden Quadraturen

$$Y' = r U + s(t), \qquad Z' = r_1 U + s_1(t).$$

14.4. Der Fall, in dem mehrere Integrale des homogenen Systems bekannt sind

Im allgemeinen Fall findet man, daß die Kenntnis von p linear unabhängigen Lösungen des einem System der Ordnung n zugeordneten homogenen Systems auf ein System der Ordnung $n - p$ und p Quadraturen führt.

Übung 24. In der Kenntnis, daß

$$\begin{array}{ll} x := \cos t, & x := \sin t, \\ y := \sin t, & y := -\cos t \end{array}$$

partikuläre Lösungen des Differentialgleichungssystems $x'' = 3x - 4y'$, $y'' = 3y + 4x'$ darstellen, führe man dessen Integration zurück auf die Integration eines Systems zweiter Ordnung.

14.5. Der Fall, in dem das allgemeine Integral des homogenen Systems bekannt ist

Aus dem Vorausgehenden läßt sich schließen, daß man das Integral des vollständigen Systems durch Quadraturen allein finden kann, wenn man das allgemeine Integral des homogenen Systems kennt.

Wir wollen diese Behauptung für das System 14.2 nachweisen. Es seien drei linear unabhängige Lösungen gegeben:

$$\begin{matrix} y_1 & y_2 & y_3 \\ z_1 & z_2 & z_3 \\ u_1 & u_2 & u_3 \end{matrix}$$

Im Intervall $[a, b]$ ohne singuläre Werte ist deren Determinante von Null verschieden. Wir setzen

$$\begin{aligned} y &= y_1 Y + y_2 Z + y_3 U \\ z &= z_1 Y + z_2 Z + z_3 U \\ u &= u_1 Y + u_2 Z + u_3 U. \end{aligned}$$

Mit den neuen unbekannten Funktionen schreibt man für das homogene und das vollständige System

$$\begin{aligned} Y' &= p Y + q Z + r U \\ Z' &= p_1 Y + q_1 Z + r_1 U \\ U' &= p_2 Y + q_2 Z + r_3 U \end{aligned}$$

und

$$\begin{aligned} Y' &= p Y + q Z + r U + s \\ Z' &= p_1 Y + q_1 Z + r_1 U + s_1 \\ U' &= p_2 Y + q_2 Z + r_2 U + s_2. \end{aligned}$$

Das homogene System hat die partikulären Lösungen

$$\begin{matrix} Y := 1 & Y := 0 & Y := 0 \\ Z := 0 & Z := 1 & Z := 0 \\ U := 0 & U := 0 & U := 1. \end{matrix}$$

Daraus folgt

$$p = p_1 = p_2 = q = q_1 = q_2 = r = r_1 = r_2 = 0,$$

und das vollständige System reduziert sich auf

$$Y' = s, \qquad Z' = s_1, \qquad U' = s_2.$$

Übung 25. Man integriere $y'' + 3y' + 2y = t^2$ unter Benutzung der Tatsache, daß die homogene Gleichung die beiden Lösungen

$$y := \exp(-t), \qquad y := \exp(-2t)$$

besitzt.

15.1. Die Resolvente

Wir wollen die eben ausgeführten Überlegungen in eine präzisere Form bringen, was uns etwas später nützlich sein wird.

Es handle sich um das homogene System

$$Y' = AY$$

und das Intervall $[a, b]$ ohne singuläre Werte.

Mit $M(t, t_0)$, $t_0 \in [a, b]$, $t \in [a, b]$ bezeichnen wir eine Lösungsmatrix, für die gilt

$$M(t_0, t_0) = I.$$

Diese Lösungsmatrix heißt *Resolvente.* Sie gestattet, die einer gegebenen Anfangsbedingung entsprechende Lösung bequem auszudrücken. Wenn X_0 eine beliebige Spalte von n Elementen bedeutet, so ist

$$X(t) := M(t, t_0) X_0$$

eine Lösung des homogenen Systems, und es gilt

$$X(t_0) = M(t_0, t_0) X_0 = X_0.$$

15.2. Eigenschaften der Resolvente

Diese Matrix genügt der Beziehung

$$\boxed{M(t, t_0)\, M(t_0, t_1) = M(t, t_1).}$$

Tatsächlich ist die linke Seite dieses Ausdruckes eine Lösung von $M' = AM$ und reduziert sich für $t := t_0$ auf $M(t_0, t_1)$. Dasselbe gilt für die rechte Seite.

Aus der obigen Formel erhält man mit $t := t_1$

$$\boxed{M(t_1, t_0)\, M(t_0, t_1) = I.}$$

Zur Bestimmung der inversen Matrix von $M(t, t_0)$ genügt es also, wenn man die Variablen vertauscht.

Übung 26. Man zeige, daß $M(t, t_0)$ als Funktion von t_0 der Beziehung

$$M'_{t_0} = -MA(t_0)$$

genügt.

Übung 27. Man betrachte die Matrizen M und N mit

$$M' = AM, \qquad N' = -NA.$$

Man zeige, daß NM konstant ist.

15.3. Anwendung auf die Lösung eines inhomogenen Systems

Es handle sich um das System in kanonischer Form

$$\boxed{Z' = AZ + \theta(t).}$$

$M(t, t_0)$ sei die Resolvente des Systems.

Wir setzen

$$Z(t) = M(t, t_0) H(t).$$

Man erhält

$$M'(t, t_0) H + M(t, t_0) H' = A\, M(t, t_0) H + \theta(t)$$

und daraus

$$H'(t) = M(t_0, t)\, \theta(t),$$

$$H(t) = \int_{t_0}^{t} M(t_0, u)\, \theta(u)\, du + H(t_0).$$

Daraus folgt weiter

$$\begin{aligned} Z(t) &= M(t, t_0) \int_{t_0}^{t} M(t_0, u)\, \theta(u)\, du + M(t, t_0) H(t_0) \\ &= \int_{t_0}^{t} M(t, t_0)\, M(t_0, u)\, \theta(u)\, du + M(t, t_0) H(t_0) \end{aligned}$$

und schließlich

$$\boxed{Z(t) = \int_{t_0}^{t} M(t, u)\, \theta(u)\, du + M(t, t_0) H(t_0).}$$

Diese Formel gibt uns die Lösung des vollständigen Systems, die der Anfangsbedingung

$$Z(t_0) := H(t_0)$$

entspricht.

16.1. Stoßlösung eines Systems in kanonischer Form

Wir betrachten ein System in kanonischer Form, auf dessen rechter Seite eine Spalte der Form $f_{a,\varepsilon}(t) C$, C numerisch gegebene Spalte, auftritt. $f_{a,\varepsilon}(t)$ soll eine Stoßfunktion relativ zum Variablenwert a darstellen. Wir betrachten einen Anfangswert $t_0 < a$. Die Lösung des Systems

$$Y' = A\,Y + f_{a,\varepsilon}(t)\,C,$$

die für $t := t_0$ den Wert Y_0 annimmt, ergibt sich nach dem Vorausgehenden durch

$$Y(t) = M(t, t_0)\,Y_0 + \int_{t_0}^{t} M(t, u)\,C f_{a,\varepsilon}(u)\,du,$$

d. h., wenn ε gegen Null geht:

$$Y(t) = \begin{cases} M(t, t_0)\,Y_0, \text{ wenn } t < a \\ M(t, t_0)\,Y_0 + M(t, a)\,C, \text{ wenn } t > a. \end{cases}$$

Die Bedeutung ist die folgende:

Vor dem Stoß ist $Y(t)$ eine Lösung des homogenen Systems.

Nach dem Stoß ist $Y(t)$ wieder eine Lösung des homogenen Systems.

Im Augenblick des Stoßes erfährt $Y(t)$ eine Unstetigkeit von der Größe

$$M(t, a)\,C = C.$$

16.2. Stoßlösung

Als *Stoßlösung* (Stoßfunktion) wird die dem Anfangswert $Y_0 := 0$ entsprechende partikuläre Lösung bezeichnet, d. h. also die Funktion

$$Y(t) := \begin{cases} 0, & \text{wenn } t < a \\ M(t, a),\ C & \text{wenn } t > a. \end{cases}$$

16.3. Physikalisches Beispiel

Wir betrachten ein eindimensionales Problem aus der Mechanik, zum Beispiel ein Torsionspendel, dem man einen Stoß versetzt hat.

Das System gehorcht der Gleichung

$$I\theta'' + f\theta' + C\theta = A f_{a,\varepsilon}(t).$$

Im Augenblick t_0 sei das System in Ruhe:

$$\theta(t_0) := 0, \qquad \theta'(t_0) := 0.$$

Um die Wirkung des Stoßes zu finden, gehen wir zur kanonischen Form über:

$$\theta' = u,$$
$$u' = -\frac{f}{I}u - \frac{C}{I}\theta + \frac{A}{I} f_{a,\varepsilon}(t).$$

Im Zeitpunkt a bleibt θ stetig, θ' macht einen Sprung um A/I. Dies entspricht vollkommen den physikalischen Gegebenheiten.

Wir wollen zeigen, daß im Falle der Stetigkeit von θ im Zeitpunkt des Stoßes der Wert des Sprunges von θ' durch eine einfache Überlegung ermittelt werden kann.

Wir integrieren die beiden Gleichungsseiten von

$$I\theta'' + f\theta' + C\theta = A f_{a,\varepsilon}(t)$$

zwischen $a - \varepsilon$ und $a + \varepsilon$. Man erhält

$$I[\theta']_{a-\varepsilon}^{a+\varepsilon} + f[\theta]_{a-\varepsilon}^{a+\varepsilon} + C\int_{a-\varepsilon}^{a+\varepsilon} \theta\, dt = A.$$

Wenn ε gegen Null geht, so wird aus dem ersten Glied

$$I\big(\theta'(a+0) - \theta'(a-0)\big).$$

Das zweite Glied geht infolge der Stetigkeit von θ gegen 0, das dritte Glied geht gegen 0, da θ beschränkt bleibt und da das Integrationsintervall gegen 0 geht. Man erhält also

$$\theta'(a+0) - \theta'(a-0) = \frac{A}{I}.$$

Aufgabe 10

a) Man schreibe das Differentialgleichungssystem

$$\begin{aligned} tx'' + 2x' + tx + 3y' + ty &= 0 \\ tx'' + x' + 2y' &= 0 \end{aligned} \tag{1}$$

in aufgelöster Form an.

b) Man zeige, daß das System konstante Lösungen besitzt. Man spalte das System mit Hilfe dieser Lösung auf und gebe einen expliziten Ausdruck für y und x an.

c) Man zeige, daß das System (1)

$x = P_2(t)$, $y = Q_2(t)$, P_2 und Q_2 Polynome zweiten Grades in t, als Lösung besitzt. Man bestimme diese Lösung und spalte das System mit Hilfe der beiden nun bekannten Lösungen auf.

d) Ausgehend von den unter b) gefundenen Ausdrücken bestimme man die Grenzwerte von $x(t)$, $x'(t)$, $y(t)$ für t gegen 0.

Man leite daraus die Ausdrücke für die Lösungen ab, die für $t := 0$ gegebene Anfangsbedingungen erfüllen.

Aufgabe 11

Für die Gleichung

$$y'' + \frac{1}{x} y' + y = 0 \tag{1}$$

ist eine partikuläre Lösung der Form

$$\varphi(x) := \int_0^1 f(t) \cos xt \, dt$$

zu finden.

a) Man führe vorerst die Rechnung formal durch, ohne sich um Bedingungen für deren Gültigkeit zu kümmern. Man leite unter dem Integralzeichen ab, fasse die Glieder, die nur $\sin xt$ enthalten, zusammen und integriere die anderen Glieder partiell. Man findet auf diese Weise für $f(t)$ eine Differentialgleichung, die man zu integrieren hat.

b) Man betrachte hierauf

$$f(t) := \frac{1}{\sqrt{1 - t^2}}.$$

Man zeige, daß man in diesem Fall unter dem Integralzeichen ableiten darf und daß daher

$$z(x) := \int_0^1 \frac{\cos xt}{\sqrt{1 - t^2}}\, dt$$

eine Lösung der Differentialgleichung ist.

c) Man zeige, daß $z(x)$ auch in $x := 0$ stetig ist. Welchen Wert hat $z(x)$ an dieser Stelle?

d) Man wende auf die obige Gleichung die Methode der Variation der Konstanten an und setze $y = zY$, wobei Y eine neue unbekannte Funktion ist.

Man gebe den Ausdruck für das allgemeine Integral der Gleichung (1). Man zeige, daß alle Lösungen dieser Gleichung, die nicht von der Form kz sind, für $x := 0$ unendlich werden.

e) Unter der Annahme der Existenz von Werten x_0 (ungleich Null) mit $z(x_0) = 0$ zeige man, daß $z'(x_0) \neq 0$, daß das Residuum von

$$\int_a^x \frac{dt}{z^2(t)\,t}$$

Null ist und daß

$$\lim_{a \to a_0} z(x) \int_a^x \frac{dt}{z^2(t)\,t}$$

existiert.

f) Kann man a priori aus dem Existenz- und Eindeutigkeitstheorem schließen, daß dieser Grenzwert nicht null ist?

Aufgabe 12

a) Man betrachte das Differentialgleichungssystem

$$\begin{aligned} x' &= U + xT \\ y' &= V + yT \\ z' &= W + zT, \end{aligned}$$

wobei U, V, W, T Linearformen in x, y, z bedeuten sollen.

Man schreibe dieses System in Matrixform. Man setze

$$X := \begin{Vmatrix} x \\ y \\ z \end{Vmatrix}$$

b) Man setze

$$X := \frac{1}{u} Y,$$

wobei u eine Hilfsfunktion sein soll. Man zeige, daß sich die Behandlung des obigen Systems zurückführen läßt auf die Behandlung eines linearen Systems vierter Ordnung:

$$Z' = CZ.$$

c) Treten bei der Lösung dieses Systems Besonderheiten auf?

d) Bleibt die Methode brauchbar, wenn man zu U, V, W, T inhomogene Terme hinzufügt?

e) Man wende das Vorausgehende auf die Riccatische Gleichung an:

$$x' = a(t) + b(t)x + c(t)x^2.$$

Lösungen der Übungen aus Kapitel III

1. $$y = \begin{cases} \lambda & \text{für } x \leqq 0 \\ \lambda e^x & \text{für } x > 0. \end{cases}$$

Die Lösungen weisen an der Stelle $x := 0$ eine Ecke auf. Durch jeden Punkt verläuft eine Lösung.

2. Wenn die Enveloppe von der Form $y = \varphi(x)$ ist, so sind alle ihre Punkte singulär, was nicht möglich ist. Es bleibt also nur der Fall:

Enveloppe gebildet aus Geraden $x := a$ (a singulärer Wert)

Enveloppe gebildet aus fixen Punkten (deren Abszisse einen singulären Wert darstellt).

Man zeigt leicht, daß diese beiden Fälle möglich sind.

3. 0 ist ein singulärer Wert. Die allgemeine Lösung ist $y = x + \frac{C}{x}$. Durch den Ursprung verläuft eine Lösung, durch einen anderen Punkt der y-Achse verläuft keine.

4. 0 ist ein singulärer Wert. Die allgemeine Lösung ist $y = \frac{1}{x^2} + \frac{C}{x}$. Durch keinen Punkt der y-Achse geht eine Lösung.

5. Die Lösungen sind: $\frac{e^{-0{,}01t} \cos(0{,}99995\, t + \varphi)}{\cos \varphi}$

und $\cos t$ mit $\tan \varphi = \frac{-0{,}01}{0{,}99995}$.

Die beiden Lösungen unterscheiden sich anfänglich nur wenig. Die erste strebt jedoch gegen 0, während die zweite eine konstante Amplitude besitzt.

6. In der Umgebung von $y := 0$, $y' := 0$ wurde linearisiert.

7. $$\varepsilon'' = \frac{6\varepsilon'}{t} - \frac{6\varepsilon}{t^2} - \frac{2}{t}.$$

8. ε' tritt in der endlichen Entwicklung nicht auf, da y' in $f(y, t)$ nicht vorkommt.

9. $A(t) := \begin{Vmatrix} a & b \\ c & d \end{Vmatrix}$ $\quad \det A' = a'd' - b'c'$, $\quad (\det A)' = a'd + ad - bc' - b'c.$

10. Ja.

11. $$(A^{-1})' = -A^{-1}A'A^{-1}.$$

12. $$U' = AP$$ $$P' = KU$$ $$U'' = AKU$$

$$A := \begin{Vmatrix} 1/A_0 & 0 & 0 \\ 0 & 1/A_1 & 0 \\ 0 & 0 & 1/A_2 \end{Vmatrix} \qquad K := \begin{Vmatrix} k & -k & 0 \\ -k & 2k & -k \\ 0 & -k & k \end{Vmatrix}$$

13. $$\sin t \left(t^2 \frac{d^4}{dt^2} + 5t \frac{d^3}{dt^3} + 6 \frac{d^2}{dt^2}\right)$$
$$+ \cos t \left(t^2 \frac{d^3}{dt^3} + 3t \frac{d^2}{dt^2} + 3 \frac{d}{dt}\right)$$
$$+ e^t \left(t^2 \frac{d^2}{dt^2} + t \frac{d}{dt} + 2\right).$$

14. $a(t)\dfrac{d}{dt} + b(t)\cdot \quad c(t)\dfrac{d}{dt} + e(t)\cdot \quad \begin{array}{l} a(t) = kc(t) \\ b(t) = ke(t) + l \end{array}$

k und l const.

15. Es genügt, wenn man einen Operator nimmt, dessen Koeffizienten für $t \in [0, \infty)$ sämtliche null sind, und einen zweiten Operator, dessen Koeffizienten für $t \in (-\infty, 0]$ null sind. Man setze zusätzlich voraus, daß die Ableitungen aller im Produkt auftretenden Koeffizienten existieren.

16. $y'' + (a-1)y' + by = f(e^t)$.

17. Man gehe vorerst zur kanonischen Form über. Man findet

$$u'' = -2u' - \frac{15}{7}u + \frac{3v}{7},$$
$$v' = \frac{u'}{3} + 2u + v.$$

18. Evidente Substitution.

19. $$M_{(0)} = \begin{Vmatrix} 1 & 0 & 3 \\ 0 & 1 & 2 \end{Vmatrix} \quad C = \begin{Vmatrix} 3 \\ 2 \\ -1 \end{Vmatrix}$$

Man weist nach, daß $M(t)C = 0$ für alle t.

20. $y = At + B \exp t,$
$z = At^2 + B.$

21. Ja, die Integration eines homogenen Systems n-ter Ordnung, von dem man eine Lösung kennt, läßt sich auf die Integration eines Systems $(n-1)$-ter Ordnung und eine Quadratur zurückführen.

22. Man setze $y = Ye^t$. Es ergibt sich

$$Y'' + 2Y' = e^{-(t^2/2)-t},$$

also eine Gleichung erster Ordnung in Y'.

(Das Prinzip ist dasselbe wie bei der im Text beschriebenen Methode. Die homogene Gleichung in Y hat die Lösung $Y := 1$, enthält also keinen Term in Y).

23. $$x = -\frac{\alpha}{2t} + \beta, \qquad y = \frac{\alpha}{2} + \beta t.$$

24. $$x = u \cos t + v \sin t,$$
$$y = u \sin t - v \cos t$$

ergibt

$$u'' = 2v,$$
$$v'' = -2u.$$

25. $$\frac{t^2}{2} - \frac{3t}{2} + \frac{7}{4} + Ae^{-t} + Be^{-2t}.$$

26. Man leite $M(t_1, t_0)\, M(t_0, t_1)$ nach t_1 ab.

27. $(NM)' = 0$.

Lösungen der Aufgaben aus Kapitel III

Aufgabe 1

a) $$u' = \sum_i |x_i|',$$

aber

$$|x_i|' = \pm\, |x_i'|$$

und daraus $$|x_i|' \leqq \sum_j |a_{ij}|\, |x_j| \leqq A u,$$

$$u' \leqq n A u.$$

b) $$u(t) \leqq u(a) e^{nAt}, \qquad u(a) > 0.$$

c) Unmittelbar einzusehen.

d) Setzt man

$$u + \frac{K}{nA} = v,$$

so kommt man auf das vorausgehende Problem zurück.

e) $$x_i'(t) \geqq 0.$$

Aufgabe 2

a) $z'(ps - qr) = a(pz + q)^2 + b(pz + q)(rz + s)$

$+ c(rz + s)^2 + (pz + q)(r'z + s') - (rz + s)(p'z + q')$

b) $$ap^2 + bpr + cr^2 + pr' - rp' = 0,$$

was durch $p' := ap^2 + bp + c, r := 1$ erfüllt wird.

c) $$2apq + b(ps + qr) + 2crs + ps' + qr' - rq' - sp' = 0,$$

was für $q := s := 0$ erfüllt ist.

d) Die Gleichung reduziert sich auf $z' = f(t)$. Daraus folgt $z = kz_0$ mit einer partikulären Lösung z_0.

e) Das der Größe

$$k = \frac{y_3(t_0) - y_2(t_0)}{y_3(t_0) - y_1(t_0)}$$

entsprechende Integral ist für $t := t_0$ unendlich.

Aufgabe 3

a) $x := 0$, y und y' beliebig.

b) Die Konstante K ist so zu wählen, daß gilt $a + bK + cK^4 = 0$.

c) Es sei $$y = m + z \quad y^4 = m^4 + 4m^3z,$$

$$z'' + \frac{1}{x}z' + a + bm + cm^4 + bz + 4cm^3z = 0.$$

Dieselben singulären Punkte wie bei der Ausgangsgleichung.

d) $\int_\alpha^\beta$ bleibt für $\alpha \to 0$ endlich, da $|y|$ beschränkt ist, $\lim_{\alpha - 0} \int_\alpha^\beta$ existiert (Integral als Funktion einer seiner Grenzen).

Wenn $l := \lim_{x\to 0}(xy')$ und $l \neq 0$ gilt

$$\frac{l-\varepsilon}{x} \leqq y' \leqq \frac{l+\varepsilon}{x}.$$

Daraus folgt

$$(l+\varepsilon)\log x + K \geqq y \geqq \frac{(l-\varepsilon)}{x}\log x + K'.$$

y wäre in diesem Fall nicht beschränkt (je nach Vorzeichen von l benützt man die eine oder die andere Ungleichung). Also muß $l = 0$ gelten, da y beschränkt ist:

$$q\beta^2 \leqq \int_\alpha^\beta x(a + by + cy^4)\,dx \leqq p'\beta^2,$$

$$qx^2 \leqq xy' \leqq px^2, \qquad qx \leqq y' \leqq px$$

und daraus $$y'(0) = 0.$$

Aufgabe 4

a) $$(\delta X)^{-1} = \Delta^{-1}\begin{Vmatrix}\delta t & -\delta y\\ -\delta z & dx\end{Vmatrix} \qquad \Delta = \delta x\,\delta t - \delta y\,\delta z$$

$$\delta F(\delta X)^{-1} = \Delta^{-1}\begin{Vmatrix}\delta a\,\delta t - \delta b\,\delta z & -\delta a\,\delta y + \delta b\,\delta x\\ \delta c\,\delta t - \delta d\,\delta z & -\delta c\,\delta y + \delta d\,\delta x\end{Vmatrix}$$

Da jeder der Ausdrücke für δx, δy, δz, δt gegen 0 einen Grenzwert besitzt, findet man

$$a'_x = b'_y \qquad a'_z = b'_t \qquad a'_y = a'_t = 0 \qquad b'_x = b'_z = 0$$

$$c'_x = d'_y \qquad c'_z = d'_t \qquad c'_y = c'_t = 0 \qquad d'_x = d'_z = 0$$

b) Aus den Gleichungen, auf deren rechter Seite 0 steht, schließt man, daß a, b, c, d nur von den folgenden Variablen abhängen:

$$a(x, z), \quad c(x, z), \quad b(y, t), \quad d(y, t).$$

Wegen

$$a'_x = b'_y = \text{const}, \qquad a'_z = b'_t = \text{const}$$

gilt

$$a = px + qz + k, \qquad b = py + qt + h$$

und ebenso

$$c = rx + sz + l, \qquad d = ry + st + m.$$

c) $\delta(X^2) = (X + \delta X)^2 - X^2 = X\delta X + \delta X X + \delta X \delta X,$

$$\delta(X^2)(\delta X)^{-1} = X + \delta X\, X(\delta X)^{-1} + \delta X.$$

Der Ausdruck in der ersten Zeile und ersten Spalte von $\delta X\, X(\delta X)^{-1}$ lautet

$$\frac{x\;\delta x\,\delta t - y\,\delta x\,\delta z + z\,\delta y\,\delta t - t\,\delta y\,\delta z}{\delta x\,\delta t - \delta y\,\delta z}.$$

Dieser Ausdruck besitzt keinen Grenzwert, wenn δx, δy, δz, δt unabhängig voneinander gegen 0 streben.

Der Grund für diesen Mangel liegt in der Nicht-Kommutativität der Matrizenmultiplikation.

Aufgabe 5

a)
$$\begin{aligned} \alpha_1\alpha_2 &= a \\ \alpha_1\alpha_2' + \alpha_1\beta_2 + \beta_1\alpha_2 &= b \\ \beta_1\beta_2 + \alpha_1\beta_2' &= c \end{aligned}$$

b) $$\alpha_1 = \frac{a}{\alpha_2}, \quad \frac{a\beta_2'}{\alpha_2} + \frac{b\beta_2}{\alpha_2} - \frac{a\alpha_2'}{\alpha_2^2}\beta_2 - \alpha_1\frac{\beta_2^2}{\alpha_2} = c\,,$$

$$\beta_1 = \frac{b}{\alpha_2} - \frac{a\alpha_2'}{\alpha_2^2} - \frac{\alpha_1\beta_2}{\alpha_2}.$$

Der Fall α_2 identisch Null und somit a identisch Null ist ausgeschlossen, da sonst der Operator nicht die Ordnung 2 hätte.

c) Die singulären Punkte der Gleichung in y bleiben singulär auch für die Gleichung in β_2. Hinzu kommen die Punkte, wo $\alpha_2 = 0$.

d) Im allgemeinen gibt es einen einzigen Wert von $\beta_2(t)$, für den $\beta_2(0) = 0$ gilt.

e) Alle Lösungen von $A_2(y) = 0$ genügen $\Omega(y) = 0$. Auf Grund der gestellten Bedingung genügen sie auch $y'(0) = 0$.

Die Behauptung ist daher evident.

Aufgabe 6

$$\alpha + \beta - 1 = 6, \qquad \alpha\beta = 6.$$

Daraus

$$\alpha := 1, \quad \beta := 6 \text{ und } \alpha := 6, \quad \beta := 1.$$

b) Das genügt, um die Kommutativität nachzuweisen (man verifiziert sie auch direkt).

c) Für $\beta := 1$, $z = Kt$ ist also

$$y = at^6 - \frac{Kt}{5}.$$

Das ist die Lösung von $\Omega y = 0$ (man kann $\frac{-K}{5} = b$ setzen).

d) Man löst

$$\frac{t\,dz}{dt} - z = t^2$$

und dann

$$\frac{t\,dy}{dt} - 6y = z$$

$$z = Kt + t^2, \qquad y = at^6 - \frac{Kt}{5} - \frac{t^2}{4}.$$

Aufgabe 7

a) Man muß nachweisen, daß

$$\int_0^1 \left(\frac{d^2u}{dt^2} + ku\right) v\,dt = \int_0^1 \left(\frac{d^2v}{dt^2} + kv\right) u\,dt$$

oder

$$\int_0^1 \left(\frac{d^2u}{dt^2}\,v - \frac{d^2v}{dt^2}\,u\right) dt = 0 .$$

Dafür schreibt man

$$\left[\frac{du}{dt}\,v - \frac{dv}{dt}\,u\right]_0^1 = 0 .$$

Die Bedingungen in 0 und 1 setzen den Klammerausdruck für $t := 0$ und für $t := 1$ null.

b) $$u := t^2, \qquad v := t^3 .$$

c) Man findet die Bedingung

$$[(t^2 - 1)\,(uv' - u'v)]_{-1}^{+1} = 0,$$

was exakt ist.

d) Evident.

e) Man findet

$$[u'v - v'u + \lambda uv]_0^1 = 0 .$$

Man kann die Bedingungen $f(0) = 0$ und $f(1) = 0$ nehmen.

Aufgabe 8

a) Leitet man p-mal ab ($p := 0, 1, \ldots, n - 1$), so hat man

$$\lambda_1 y_1^{(p)}(t) + \cdots + \lambda_n y_n^{(p)}(t) = 0 .$$

Dieses System aus n homogenen Gleichungen für n Unbekannte hat eine von Null verschiedene Lösung. Seine Determinante ist daher null.

b) Der Koeffizient von $v^{(q)}$ ist nicht identisch Null. Für $t := t_0$ haben die Funktionen $y_1, \ldots, y_q$ Anfangswerte, die eine von Null verschiedene Determinante bilden.

Die Bedingung dafür, daß y_{q+1} eine Lösung bildet,

lautet

$$\begin{vmatrix} y_1 & y_2 & y_q & y_{q+1} \\ y_1^{(q)} & \dots & y_q^{(q)} & y_{q+1}^{(q)} \end{vmatrix} = 0,$$

was aus der Definition von q folgt. Also gilt

$$y_{q+1} = c_1 y_1 + c_2 y_2 + \cdots + c_q y_q \quad (c_i \text{ const}).$$

c) Aus dem Vorausgehenden folgt, daß die Gleichung

$$\begin{vmatrix} y_1 \cdots y_n & y \\ \dots\dots\dots\dots & \\ y_1^{(n)} \cdots y_n^{(n)} & y^{(n)} \end{vmatrix} = 0$$

die Ordnung n und die gegebenen Funktionen als Lösungen besitzt (die ein Fundamentalsystem von Lösungen bilden).

Ausgehend von zwei linearen Gleichungen der Ordnung n mit y_1, y_2, y_n als Lösungen bilde man durch lineare Kombination eine lineare Gleichung der Ordnung $n - 1$ mit denselben Lösungen, was ein Widerspruch ist und die Eindeutigkeit beweist.

d) Die vorangehende Determinante reduziert sich zu

$$2(y_1 y' - y_2 y_1')^3.$$

Ihr Wert ist daher von Null verschieden.

e) $$\begin{vmatrix} z''' & 2ab + 2b' & 2a' + 8b + 2a^2 & 6a \\ z'' & 2b & 2a & 2 \\ z' & 0 & 2 & 0 \\ z & 1 & 0 & 0 \end{vmatrix} = 0$$

oder

$$8z(b' - 2ab) + z'(4a' + 16b - 8a^2) + 12az'' - 4z''' = 0.$$

Dividiert man durch 4:

$$z''' = 3az'' + z'(a' + 4b - 2a^2) + z(2b' - 4ab).$$

f) $$(e^{2x})^2 = e^x e^{3x}.$$

Aufgabe 9

a) Man hat acht willkürliche Konstante (man kann zum Beispiel $X(0)$ und $X'(0)$ vorgeben).

b) $2X''X' + 2XX' = 0$, daraus $X'^2 + X^2 = \text{const}$.

c) $$SIN(t) := \begin{Vmatrix} \sin t & 0 \\ 0 & \sin t \end{Vmatrix}$$

d) $$COS(t) := \begin{Vmatrix} \cos t & 0 \\ 0 & \cos t \end{Vmatrix}$$

e) Ja.

f) $$X^2 = \begin{Vmatrix} \cos^2 t & 0 \\ 0 & \cos^2 t \end{Vmatrix}$$

Es soll gelten $$X = \begin{Vmatrix} a & b \\ c & d \end{Vmatrix}$$

Man erhält $b = c = 0$, $a = \pm \cos t$, $d = \pm \cos t$. Das sind vier Lösungen der Gleichung $X'' + X = 0$;

$a + d = 0$, $a^2 + bc = \cos^2 t$, die Formel enthält zwei willkürliche Funktionen.

g) Man kann zum Beispiel $a = \alpha \cos t$, $b = \beta \cos t$, $c = \gamma \cos t$, $d = -\alpha \cos t$ mit $\alpha^2 + \beta\gamma = 0$ nehmen, worin zwei willkürliche Konstante enthalten sind.

Aufgabe 10

a) $$\begin{aligned} x'' &= \frac{1}{t} x' + 2x + 2y \\ y' &= -x' - tx - ty. \end{aligned}$$

b) $x := K$, $y := -K$ ist Lösung.

Man setze $y = -x + Y$ und betrachte x und Y als Unbekannte. Man erhält

$$Y' = -tY$$

$$x'' = \frac{1}{t}x' + 2Y$$

und daraus

$$Y := Be^{-t^2/2}.$$

Man setzt $x' := u$:

$$u := 2Bt\int_a^t e^{-\lambda^2/2}\frac{d\lambda}{\lambda} + Ct,$$

wobei a einen festen (im übrigen beliebigen) Wert bedeutet.

$$x = \frac{Ct^2}{2} + D + B\left(e^{-t^2/2} + t^2\int_a^t e^{-\lambda^2/2}\frac{d\lambda}{\lambda}\right)$$

c) Man findet

$$x = at^2 + c$$

$y = -at^2 - c,\quad$ a und c willkürliche Konstante.

Man setzt

$$x = t^2X + U$$
$$y = -t^2X - U + Y$$
$$u = 2tX.$$

Daraus schließt man

$$Y' = -tY$$

$$tX' = Y$$

$$U' = -tY$$

und daraus

$$Y = Be^{-t^2/2}$$

$$X = B\int_a^t e^{-\lambda^2/2}\frac{d\lambda}{\lambda} + \frac{C}{2}$$

$$U = Be^{-t^2/2} + D$$

(es ergeben sich dieselben Formeln wie unter b)).

d) Wenn $t \to 0$, so geht $\int_a^t e^{-\lambda^2/2}\frac{d\lambda}{\lambda}$ wie $\log t$ gegen unendlich, also

$$x'(t) \to 0$$
$$x(t) \to B + D$$
$$y(t) \to -D.$$

Für beliebig gegebene $x(0)$, $y(0)$ und $x'(0) := 0$ gibt es unendlich viele von einem Parameter C abhängige Lösungen der Differentialgleichung.

Für $x'(0) \neq 0$ existiert keine Lösung.

Aufgabe 11

a) $\varphi' = -\int_0^1 t f(t) \sin xt\, dt, \quad \varphi'' = -\int_0^1 t^2 f(t) \cos xt\, dt.$

Daraus

$$\int_0^1 (1 - t^2) f(t) \cos xt\, dt - \int_0^1 \frac{t}{x} f(t) \sin xt\, dt = 0,$$

$$\int_0^1 (1 - t^2) f(t) \cos xt\, dt = \left[(1 - t^2) f(t) \frac{\sin xt}{x}\right]_0^1$$

$$- \int_0^1 \left((1 - t^2) f'(t) - 2t f(t)\right) \frac{\sin xt}{x}\, dt.$$

Man erfüllt diese Bedingungen, wenn man setzt

$$(1 - t^2) f'(t) - t f(t) = 0,$$

d. h.

$$f(t) = \frac{K}{\sqrt{1 - t^2}}.$$

Unter diesen Bedingungen ist der Term ohne Integralzeichen Null.

b) $$z(x) := \int_0^1 \frac{\cos xt}{\sqrt{1 - t^2}} \, dt.$$

Der Integrand wird majorisiert durch $\dfrac{1}{\sqrt{1 - t^2}}$, was ein konvergentes Integral liefert. Dasselbe gilt für die ersten und zweiten Ableitungen. Man darf daher unter dem Integralzeichen ableiten, und die obige Vorgangsweise ist berechtigt.

c) Die Funktion ist stetig:

$$z(0) = \int_0^1 \frac{dt}{\sqrt{1 - t^2}} = \frac{\pi}{2}.$$

d) $Y'' z + Y' \left(2z' + \dfrac{z}{x}\right) = 0, \quad \dfrac{Y''}{Y'} + \dfrac{2z'}{z} + \dfrac{1}{x} = 0$

daraus

$$Y' z^2 x = Cte, \qquad Y' = \frac{K}{z^2 x},$$

$$Y = K \int \frac{dx}{z^2 x} + M, \quad y = Kz \int \frac{dx}{z^2 x} + Mz.$$

In der Umgebung von $x := 0$ verhält sich das Integral wie $\log x$ wegen $z(0) \neq 0$.

e) Aus $z(x_0) = 0$ folgt $z'(x_0) \neq 0$ (Existenz- und Eindeutigkeitstheorem, andernfalls würde gelten $z(x) = 0$).

$$\frac{1}{z^2(x)x} = \frac{A}{(x - x_0)^2} + \frac{B}{(x - x_0)} + \cdots$$

Entsprechende Terme sind gleichzusetzen unter Berücksichtigung von

$$z(x) = (x - x_0)\, z'(x_0) + \frac{(x - x_0)^2}{2} z''(x_0) + \cdots$$

mit $z''(x_0) + \frac{1}{x_0} z'(x_0) = 0$. Daraus folgt

$$\frac{1}{z^2 x} = \frac{1}{x_0 z'^2(x_0)\,(x - x_0)^2} - \frac{\frac{1}{x_0} + \frac{z''(x_0)}{z'(x_0)}}{x_0 z'^2(x_0)\,(x - x_0)}.$$

Man schließt daraus

$$\int_a^x \frac{dt}{z^2 t} \sim \frac{-1}{x_0 z'^2(x_0)\,(x - x_0)},$$

$$\lim_{x \to x_0} z(x) \int_a^x \frac{dt}{z^2 t} = \frac{-1}{x_0 z'(x_0)}.$$

f) Wenn der Grenzwert 0 wäre, so wären alle Integrale der vorgelegten Gleichung für diesen Wert gleich 0 (der jedoch keinen singulären Wert für die Gleichung darstellt). Der gefundene Ausdruck zeigt übrigens, daß sein Wert von Null verschieden ist.

Aufgabe 12

a) Man setzt $X' = AX + (B^* X) X$	A eine Matrix, deren Zeilen die Koeffizienten von x, y, z in U, V, W darstellen; B^* Zeile der Koeffizienten von x, y, z in T.

b) Durch Differenzieren findet man

$$\frac{-u' Y}{u^2} + \frac{1}{u} Y' = \frac{A}{u} Y + \frac{(B^* Y) Y}{u^2}.$$

Mit $u' = -B^* Y$ erhält man $Y' = A Y$ und daher

$$Z := \begin{Vmatrix} x \\ y \\ z \\ u \end{Vmatrix} \qquad C := \begin{vmatrix} & & & 0 \\ & A & & 0 \\ & & & 0 \\ -b_1 & -b_2 & -b_3 & 0 \end{vmatrix}.$$

c) Das System zerfällt in $Y' = A Y$ und eine Quadratur, die hierauf u liefert.

d) Man findet

$$X' = A X + P + (B^* X + s) X$$

und daraus

$$\frac{-u' Y}{u^2} + \frac{Y'}{u} = \frac{A Y}{u} + P (B^* X + s) \frac{Y}{u}.$$

Man setzt

$$u' = -(B^* X + s u),$$
$$Y' = A Y + P u.$$

Der einzige Unterschied liegt darin, daß das System nicht zerfällt.

e) Diese Gleichung ist äquivalent dem System

$$y' = b y + a u,$$
$$u' = -c y.$$

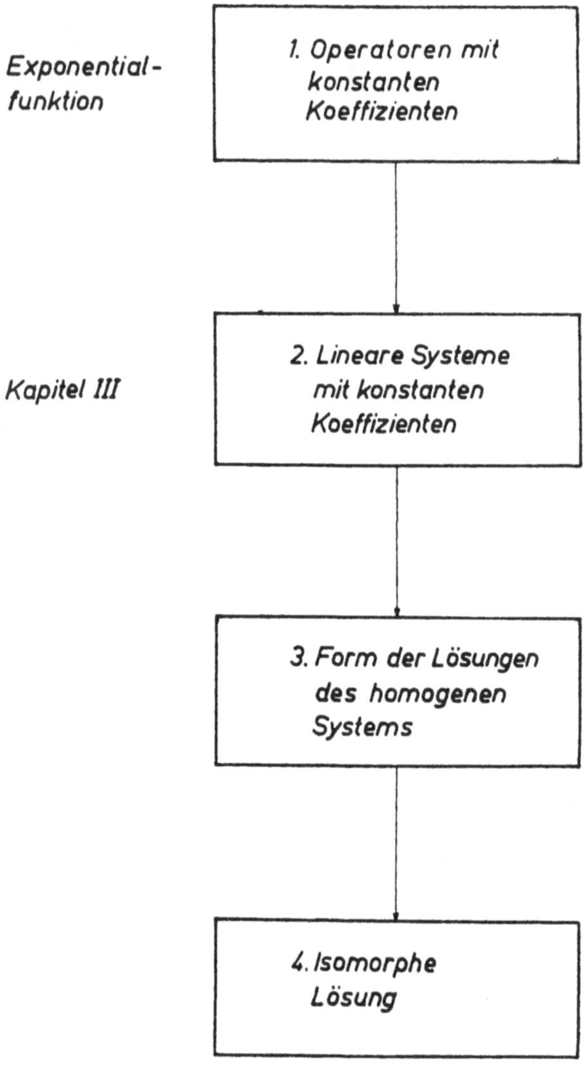
Exponential-
funktion
1. Operatoren mit
konstanten
Koeffizienten
Kapitel III
2. Lineare Systeme
mit konstanten
Koeffizienten
3. Form der Lösungen
des homogenen
Systems
4. Isomorphe
Lösung

KAPITEL IV

Lineare Systeme mit konstanten Koeffizienten

1.1. *Physikalischer Ursprung solcher Systeme*

Man erinnert sich, daß bei zahlreichen linearen Phänomenen (Beispiel: elektrischer Stromkreis, Torsionspendel) die Koeffizienten der unbekannten Funktionen und deren Ableitungen Konstante mit einer physikalischen Bedeutung sind. Nur die inhomogenen Terme enthalten die unabhängige Variable.

1. Operatoren mit konstanten Koeffizienten

2.1. *Definition*

Von einem Operator, wie z. B.

$$I := a\frac{d^2}{dt^2} + b\,\frac{d}{dt} + c\cdot,$$

sagt man, er habe *konstante Koeffizienten*, wenn a, b, c nicht von t abhängen.

Beispiel. Der in der Mechanik auftretende Operator

$$I\,\frac{d^2}{dt^2} + f\,\frac{d}{dt} + C\cdot$$

hat konstante Koeffizienten.

2.2. *Kommutativität des Produktes*

Für Operatoren mit konstanten Koeffizienten I und J gilt

$$IJ = JI.$$

Das Produkt ist ebenfalls ein Operator mit konstanten Koeffizienten. Auf Grund der Distributivität genügt es, wenn man dies für die Operatoren

$$I := a\,\frac{d^p}{dt^p}, \qquad J := b\,\frac{d^q}{dt^q}$$

nachweist. Offensichtlich gilt aber

$$IJ = JI = ab\,\frac{d^{p+q}}{dt^{p+q}}.$$

Übung 1. a) Man betrachte einen Operator Ω (mit variablen Koeffizienten) und die Operatoren, die man durch Polynome in Ω mit konstanten Koeffizienten ausdrücken kann. Man zeige, daß das Produkt zweier solcher Operatoren kommutativ ist.

b) Man zeige, daß die Kommutativität des Produktes von Operatoren mit konstanten Koeffizienten ein Spezialfall des vorausgehenden Ergebnisses ist.

2.3. *Die Wirkung eines Operators mit konstanten Koeffizienten auf eine Exponentialfunktion*

Man sieht unmittelbar, daß gilt

$$\left(a\,\frac{d^2}{dt^2} + b\,\frac{d}{dt} + c\cdot\right)\cdot e^{\alpha t} = (a\alpha^2 + b\alpha + c)\cdot e^{\alpha t}.$$

Die Exponentialfunktion $e^{\alpha t}$ wird daher einfach mit

$$a\alpha^2 + b\alpha + c\cdot$$

multipliziert.

Übung 2. Man wende den Operator

$$\frac{d^2}{dt^2} + 3\frac{d}{dt} + 2\cdot$$

an auf die Funktionen exp $2t$, exp $(-t)$.

Übung 3. a) Man wende den Operator aus Übung 2 an auf $P(t)e^{\alpha t}$, $P(t)$ Polynom in t.

b) Welchen Grad hat im allgemeinen das Polynom, das in diesem Ergebnis auftritt?

3.1. *Die Impedanz eines Operators mit konstanten Koeffizienten*

Das Polynom in $a\alpha^2 + b\alpha + c$ heißt *Impedanz* des Operators $a\dfrac{d^2}{dt^2} + b\dfrac{d}{dt} + c\cdot$

Man erhält die Impedanz aus dem Ausdruck für den Operator, indem man ersetzt:

die Ableitungen erster Ordnung durch α

die Ableitungen zweiter Ordnung durch α^2

die Ableitungen n-ter Ordnung durch α^n.

Die Wirkung eines linearen Operators mit konstanten Koeffizienten auf eine Exponentialfunktion ist also deren Multiplikation mit der Impedanz.

Die Impedanz ist immer ein Polynom.

3.2. *Wirkung eines Operators mit reellen Koeffizienten auf eine Exponentialfunktion mit komplexem Argument*

Die Ableitung des Realteiles einer komplexen Funktion $f(t)$ der reellen Variablen t ist offensichtlich der Realteil der Ableitung von $f(t)$.

Daraus folgt, wenn O einen Operator mit reellen Koeffizienten bezeichnet

$$\mathcal{R}\big(O(A\ e^{(r+is)t})\big) = O\big(\mathcal{R}(A\ e^{(r+is)t})\big).$$

Beispiel. Es sei zu berechnen

$$\left(L\frac{d}{dt} + R\cdot\right)\cos\omega t.$$

Man findet

$$\mathcal{R}\big((Li\omega + R)\,e^{i\omega t}\big) = R\cos\omega t - L\omega\sin\omega t$$

Übung 4. Man wende den Operator

$$\frac{d^2}{dt^2} + 3\frac{d}{dt} + 4\cdot$$

an auf cos t, exp t cos $2t$.

Aufgabe 1

Man betrachte den Operator mit konstanten Koeffizienten mit der Impedanz $\alpha_0\alpha^p + a\alpha^{p-1} + \cdots + a_p$. Der Operator Ω' mit der Impedanz

$$a_0 p\alpha^{p-1} + a_1(p-1)\,\alpha^{p-2} + \cdots + a_{p-1}$$

heißt Ableitung von Ω.

a) Man zeige, daß die Formel

$$\Omega(uv) = u\Omega v + u'\Omega' v + \frac{u''}{2!}\Omega'' v + \cdots + \frac{u^{(p)}}{p!}\Omega^{(p)}(v) \quad (1)$$

für den Operator mit der Impedanz α^q, $q \leqq p$, exakt ist.

b) Man leite daraus ab, daß die Formel für jeden Operator gültig ist, dessen Ordnung höchstens p ist.

c) Man zeige, daß die Formel (1) für einen Matrixoperator in der Form

$$\mathscr{M}(Kuv) = u\mathscr{M}(Kv) + u'\mathscr{M}'(Kv) + \frac{u''}{2!}\mathscr{M}''(Kv) + \dots$$

verallgemeinert werden kann. K bezeichnet einen konstanten Vektor und $\mathscr{M}^{(p)}$ die Matrix, die man aus $\mathscr{M}$ erhält, wenn man jeden Operator durch seine Ableitung p-ter Ordnung ersetzt.

2. Lineares System mit konstanten Koeffizienten

4.1. Definition

Von einem linearen System sagt man, es habe konstante Koeffizienten, wenn alle darin vorkommenden Operatoren konstante Koeffizienten besitzen. Die inhomogenen Terme dürfen beliebig sein.

4.2. Primäre Eigenschaften

Ein System mit konstanten Koeffizienten behält diese Eigenschaft bei, wenn man es in aufgelöste Form oder in kanonische Form bringt. Ein System mit konstanten Koeffizienten hat keine singulären Werte außer jene, für die die inhomogenen Terme nicht definiert oder unstetig sind.

Wie im vorhergehenden Paragraphen betrachten wir auch hier wieder spezielle Systeme. Die Behauptungen und Beweise sind jedoch offensichtlich allgemein.

Wenn nichts anderes bemerkt wird, so betrachten wir die Koeffizienten, die inhomogenen Terme und die Lösungen als komplex. Die Variable kann entweder reell oder komplex sein.

5.1. *Lineare Transformation der Variablen*

Eine lineare Variablentransformation

$$t_1 := at + b$$

führt ein lineares System mit konstanten Koeffizienten wieder in ein solches über. Die Behauptung ist evident wegen

$$\frac{d^p y}{dt_1^p} = \frac{1}{a^p}\frac{d^p y}{dt^p}.$$

5.2. *Lineare Transformation der unbekannten Funktionen mit konstanter Transformationsmatrix*

In dem System in kanonischer Form

$$X' = AX + B(t), \qquad A = \text{const},$$

führen wir die durch

$$X = PY + Q(t), \qquad P \text{ konstant und nicht-singulär},$$

definierte Transformation der unbekannten Funktionen durch. Man erhält

$$PY' + Q'(t) = APY + AQ(t) + B(t).$$

Der Ausdruck läßt sich umformen zu

$$Y' = P^{-1}APY + R(t).$$

Das Ergebnis ist also ein lineares System mit konstanten Koeffizienten.

5.3. *Multiplikation der unbekannten Funktionen mit derselben Exponentialfunktion*

Es handle sich um das System

$$X' = AX + B(t).$$

Wir setzen

$$X := e^{rt} Y.$$

Daraus folgt

$$X' = re^{rt} Y + e^{rt} Y'$$

und daraus durch Division durch e^{rt}, was stets von Null verschieden ist,

$$Y' = (A - rI) Y + B(t) e^{-rt}.$$

I ist die Einheitsmatrix. Auch hier handelt es sich noch um ein lineares System mit konstanten Koeffizienten.

6.1. *Die charakteristische Matrix*

Es handle sich um das homogene System

$$a_1 y'' + b_1 y' + c_1 y + d_1 z' + e_1 z = 0$$
$$a_2 y'' + b_2 y' + c_2 y + d_2 z' + e_2 z = 0.$$

Wir schreiben das System mit Hilfe der Operatorenmatrix

$$\left\| \begin{matrix} a_1 \frac{d^2}{dt^2} + b_1 \frac{d}{dt} + c_1 \cdot & d_1 \frac{d}{dt} + e_1 \cdot \\ a_2 \frac{d^2}{dt^2} + b^2 \frac{d}{dt} + c_2 \cdot & d_2 \frac{d}{dt} + e_2 \cdot \end{matrix} \right\| \cdot \left\| \begin{matrix} y \\ z \end{matrix} \right\| = 0.$$

Als *charakteristische Matrix* bezeichnet man eine Matrix, die man ausgehend von der Matrix der Operatoren erhält, indem man die Operatoren durch ihre Impedanzen ersetzt. Das heißt

$$\left\| \begin{matrix} a_1\alpha^2 + b_1\alpha + c_1 & d_1\alpha + e_1 \\ a_2\alpha^2 + b_2\alpha + c_2 & d_2\alpha + e_2 \end{matrix} \right\|$$

6.2. Charakteristische Gleichung

Als charakteristische Gleichung bezeichnet man die Gleichung, die man erhält, wenn man die Determinante der charakteristischen Matrix Null setzt.

Für den in der vorausgehenden Nummer behandelten Fall findet man:

$$\left| \begin{matrix} a_1\alpha^2 + b_1\alpha + c_1 & d_1\alpha + e_1 \\ a_2\alpha^2 + b_2\alpha + c_2 & d_2\alpha + e_2 \end{matrix} \right| = 0$$

Der Grad dieser Gleichung ist drei, also gleich der Ordnung des Systems, außer wenn dieses nicht auflösbar ist. Tatsächlich gilt für den Term dritten Grades der Gleichung

$$\alpha^3 \left| \begin{matrix} a_1 & d_1 \\ a_2 & d_2 \end{matrix} \right|$$

7.1. Invarianz der charakteristischen Gleichung

Wir wollen zeigen, daß beim Übergang zur kanonischen Form, abgesehen von einem numerischen Faktor, die charakteristische Gleichung gleich bleibt.

Dieser Übergang vollzieht sich mit Hilfe von zwei Arten von Transformationen:

a) Einführung von Hilfsfunktionen, die die Ableitungen vertreten;

b) wenn nur erste Ableitungen auftreten, Auflösung dieser Ableitungen.

Wir studieren den Fall a). Wir nehmen an, daß die zwei ersten unbekannten Funktionen des Systems y und z sind und daß die erste Gleichung lautet

$$y' = z.$$

Die charakteristische Gleichung lautet

$$\begin{vmatrix} -\alpha & 1 & 0 & 0 \\ O_1(\alpha) & O_2(\alpha) & O_3(\alpha) & O_4(\alpha) \\ O_5(\alpha) & O_6(\alpha) & O_7(\alpha) & O_8(\alpha) \\ O_9(\alpha) & O_{10}(\alpha) & O_{11}(\alpha) & O_{12}(\alpha) \end{vmatrix} = 0. \qquad \text{(I)}$$

Dabei haben wir uns auf vier unbekannte Funktionen beschränkt. Mit Hilfe der ersten Gleichung läßt sich z eliminieren, man hat in allen übrigen Gleichungen z durch y' zu ersetzen. Man erhält so die neue charakteristische Gleichung

$$\begin{vmatrix} O_1(\alpha) + \alpha\, O_2(\alpha) & O_3(\alpha) & O_4(\alpha) \\ O_5(\alpha) + \alpha\, O_6(\alpha) & O_7(\alpha) & O_8(\alpha) \\ O_9(\alpha) + \alpha\, O_{10}(\alpha) & O_{11}(\alpha) & O_{12}(\alpha) \end{vmatrix} = 0,$$

die sich offensichtlich aus (I) ergibt, indem man zur ersten Spalte die mit α multiplizierte zweite Spalte addiert.

Wir untersuchen nun den Fall b). Es handle sich um das System

$$A\,Y' + B\,Y = 0.$$

Wir setzen voraus, daß

$$\det A \neq 0.$$

Die charakteristische Gleichung ist

$$\det (A\alpha + B) = 0.$$

Wir gehen zur kanonischen Form über

$$Y' = -A^{-1} B\, Y,$$

deren charakteristische Gleichung lautet

$$\det(\alpha I + A^{-1}B) = 0.$$

Es gilt aber

$$\det(A\alpha + B) = \det A \det(\alpha I + A^{-1}B),$$

womit der Beweis erbracht ist.

7.2. Charakteristische Gleichung eines Systems in kanonischer Form

Es handle sich um das homogene System

$$X' = AX,$$

das wir in der folgenden Form schreiben wollen:

$$-X' = AX = 0.$$

Seine charakteristische Gleichung ist

$$\det(A - \alpha I) = 0.$$

Das ist die charakteristische Gleichung der Matrix A.

7.3. Invarianz der charakteristischen Gleichung gegenüber linearen Transformationen der unbekannten Funktionen

Es handle sich um das System $X' = AX$ und die Transformation der Unbekannten $X = PY$ mit einer konstanten Matrix P, die eine Inverse besitzen soll. Man erhält

$$PY' = APY \qquad \text{oder} \qquad Y' = P^{-1}AP.$$

Die neue charakteristische Gleichung ist

$$\det(P^{-1}AP - \alpha I) = 0.$$

Es gilt jedoch

$$P^{-1}AP - \alpha I = P^{-1}(A - \alpha I)P$$

und

$$\det\,(P^{-1}(A - \alpha I)\,\mathrm{P}) = \det P^{-1} \det P \det (A - \alpha I)$$
$$= \det (A - \alpha I).$$

3. Form der Lösungen eines homogenen Systems

8.1. Hinweis auf die Theorie der Eigenvektoren

A sei eine quadratische Matrix der Ordnung n. Die charakteristische Gleichung

$$\det (A - \alpha I) = 0$$

ist eine algebraische Gleichung vom Grade n.

α_0 sei ein *Eigenwert*, d. h. eine Wurzel der obigen Gleichung. Ein Eigenvektor X_0 bezüglich α_0 ist ein von Null verschiedener Vektor mit

$$AX_0 = \alpha_0 X_0.$$

Zu jedem Eigenwert gibt es mindestens einen *Eigenvektor*.

Die Eigenvektoren, die zu verschiedenen Eigenwerten gehören, sind linear unabhängig.

8.2. Aufsuchen einer mit einem Eigenwert verbundenen Lösung

α_0 sei ein Eigenwert der Matrix A. Wir suchen für das Differentialgleichungssystem

$$X' = AX$$

eine Lösung der Form

$$X := X_0 e^{\alpha_0 t}$$
$$X' = X_0 \alpha_0 e^{\alpha_0 t}.$$

Daraus ergibt sich

$$(A - \alpha_0 I) X_0 = 0.$$

Es genügt also, wenn man für X_0 einen Eigenvektor von A bezüglich α_0 nimmt. Es kann sein, daß zu einem Eigenwert mehrere linear unabhängige Eigenvektoren existieren.

Beispiel. $y' = y, \quad z' = z$

hat die linear unabhängigen Lösungen

$$\begin{aligned} y &:= A e^t & \qquad y &:= 0 \\ z &:= 0 & \qquad z &:= B e^t. \end{aligned}$$

8.3. *Spezialfall, bei dem alle Wurzeln der charakteristischen Gleichung verschieden sind*

Wenn alle Wurzeln der charakteristischen Gleichung verschieden sind, so findet man für ein System n-ter Ordnung n exponentielle Lösungen. Für $t := 0$ ist die entsprechende Lösungsmatrix die Matrix der Eigenvektoren, die eine von Null verschiedene Determinante besitzt. Diese Lösungen bilden daher ein Fundamentalsystem von Lösungen.

Bemerkung. Wir betrachten ein System dritter Ordnung in einem solchen Fall, in dem drei linear unabhängige Eigenvektoren existieren. Die allgemeine Lösung lautet

$$\begin{aligned} y_1 &= h_{11} A_1 e^{\alpha_1 t} + h_{12} A_2 e^{\alpha_2 t} + h_{13} A_3 e^{\alpha_3 t} \\ y_2 &= h_{21} A_1 e^{\alpha_1 t} + h_{22} A_2 e^{\alpha_2 t} + h_{23} A_3 e^{\alpha_3 t} \\ y_3 &= h_{31} A_1 e^{\alpha_1 t} + h_{32} A_2 e^{\alpha_2 t} + h_{33} A_3 e^{\alpha_3 t}. \end{aligned}$$

Diese Formeln enthalten 9 Koeffizienten, aber nur drei davon sind willkürlich, nämlich A_1, A_2 und A_3.

8.4. Beispiel

Wir betrachten das System

$$y' = -z, \quad z' = y$$

Die charakteristische Matrix lautet

$$\begin{Vmatrix} \alpha & 1 \\ -1 & \alpha \end{Vmatrix}.$$

Die charakteristische Gleichung ist

$$\alpha^2 + 1 = 0, \qquad \alpha = \pm i$$

mit den Eigenvektoren:

Für $\alpha := i \qquad \alpha := -i$

$$\begin{Vmatrix} i \\ 1 \end{Vmatrix} \qquad \begin{Vmatrix} 1 \\ i \end{Vmatrix}$$

Daraus ergeben sich die Lösungen

$$\begin{aligned} y_1 &= i\, e^{it} & y_2 &= e^{-it} \\ z_1 &= e^{it} & z_2 &= ie^{-it} \end{aligned}$$

Übung 6. Man löse $y'' + 4y' + 3y = 0$.

Übung 7. Man löse das Differentialgleichungssystem

$$\begin{aligned} y_1' &= 11y_1 - 4y_2 - y_3 \\ y_2' &= -4y_1 + 14y_2 - 4y_3 \\ y_3' &= -y_1 - 4y_2 + 11y \end{aligned}$$

Übung 8. Man löse das Differentialgleichungssystem

$$\begin{aligned} x' &= 3y - 4z \\ y' &= -z \\ z' &= -2x + y \end{aligned}$$

Übung 9. Man löse das Differentialgleichungssystem

$$y' + z' = 2z$$
$$3y' + z = y + 9z$$

Übung 10. Man löse das Differentialgleichungssystem

$$x'' - 4y = 0$$
$$y' - 2z = 0$$
$$z' - 2x = 0$$

Übung 11. Man löse das Differentialgleichungssystem

$$y_1' = 3y_2 - 3y_3$$
$$y_2' = 2y_1 - 3y_2 + y_3$$
$$y_3' = -6y_1 + 3y_2 + 3y_3$$

9.1. *Studium des allgemeinen Falls*

Den allgemeinen Fall, in dem die charakteristische Gleichung mehrfache Wurzeln besitzt, studiert man am leichtesten mit Hilfe der JORDANschen Theorie der Reduktion einer Matrix A.

Wir wollen hier eine Darstellung geben, welche die Kenntnis dieser Theorie nicht zur Voraussetzung hat. Einen Vektor, dessen Komponenten Polynome einer einzigen Variablen sind, nennen wir *Polynomvektor*. Der Grad dieses Vektors ist gleich dem höchsten Grad der einzelnen Polynome der Komponenten.

9.2. *Form der Lösungen*

Wir betrachten das System

$$X' = AX. \tag{1}$$

Es werde angenommen, daß die quadratische Matrix der Ordnung n die folgenden Eigenwerte besitzt:

$$\begin{aligned}&\lambda_1 \text{ mit der Multiplizität } r_1\\&\lambda_2 \text{ mit der Multiplizität } r_2\\&\lambda_q \text{ mit der Multiplizität } r_q\\&r_1 + r_2 + \cdots + r_q = n.\end{aligned}$$

Wir wollen rekursiv über n die folgenden zwei Ergebnisse beweisen:

a) Jede Lösung von (1) ist die Summe von q Lösungen der Form $e^{\lambda_i t} P(t)$, $i := 1, 2, \ldots, q$ (gewisse dieser Lösungen dürfen Null sein).

b) Die Lösungen von (1) der Form $e^{\lambda_i t} P(t)$, λ_i fest, bilden einen Vektorraum der Dimension r_i.

Die Behauptung ist evident für $n := 1$.

Wir wollen sie für $n + 1$ beweisen, indem wir ihre Gültigkeit für n voraussetzen.

Es handle sich um das System der Ordnung $n + 1$:

$$Y' = BY. \tag{2}$$

Die Eigenwerte von B seien:

$$\begin{aligned}&\lambda_1 \text{ mit der Multiplizität } r_1 + 1\\&\lambda_2 \text{ mit der Multiplizität } r_2\\&\lambda_q \text{ mit der Multiplizität } r_q.\end{aligned}$$

Die Behauptung gilt offensichtlich auch, wenn man die unbekannten Funktionen einer linearen Transformation mit konstanten Koeffizienten unterzieht. Wir denken uns für das System (2) eine lineare Transformation mit konstanten Koeffizienten ausgeführt, so daß die Spalte

$$\left\|\begin{matrix}0\\0\\0\\0\\1\end{matrix}\right\|$$

einen Eigenvektor der Matrix B bezüglich des Eigenwertes λ_1 darstellt.

Man hat somit

$$B = \left\| \begin{array}{c|c} & 0 \\ & 0 \\ A & 0 \\ & 0 \\ \hline L & \lambda_1 \end{array} \right\|$$

und das System (2) lautet dann, wenn man mit z das letzte Element von Y und mit Z den Vektor Y ohne sein letztes Element bezeichnet

$$Z' = AZ \tag{3}$$

$$z' = LZ + \lambda_1 z, \tag{4}$$

Die Matrix A hat als Eigenwerte

λ_1 mit der Multiplizität r_1

λ_2 mit der Multiplizität r_2

λ_q mit der Multiplizität r_q.

Das System (3) besitzt Lösungen der Form

$$Z = \sum_{i=1}^{q} e^{\lambda_i t} P_i(t).$$

Setzt man diese in (4) ein, so findet man für z einen Ausdruck derselben Form. Die Behauptung a) gilt also für das System (2). Um b) zu beweisen, betrachten wir die lineare Abbildung $Z \leftarrow\!\shortmid Y$. Beschränkt man sich auf die Lösungen $3e^{\lambda_i t}P(t)$, $i \neq 1$, so bildet diese Abbildung eine Bijektion wegen

$$Z = 0 \Rightarrow z = 0.$$

Die Lösungsräume der $e^{\lambda_i t}P(t)$ haben also für (2) und (3) dieselbe Dimension r_i.

Für $i := 1$ gilt

$$Z = 0 \Rightarrow z = k e^{\lambda_1 t}.$$

Die Lösungsräume der Form $e^{\lambda_1 t} P(t)$ haben also die Dimension

$$\begin{array}{ll} r_1 & \text{für (3)} \\ r_1 + 1 & \text{für (2).} \end{array}$$

Übung 12. Man zeige, daß die Zerlegung in Vektorräume der Dimension r_i eindeutig ist.

Übung 13. Was bedeutet das vorangehende Ergebnis, wenn alle Eigenwerte verschieden sind?

Übung 14. Man zeige, daß die Koeffizienten der Glieder mit dem höchsten Grad in der Lösung $e^{\lambda_i t} P(t)$ einen Eigenvektor relativ zum Eigenwert λ_i bilden.

9.3. Eigenlösung und zugeordnete Lösung

Wir kehren zum System

$$X' = A X \tag{1}$$

zurück. Differenziert man (1) gliedweise, so findet man

$$X'' = A X',$$

woraus folgt, daß mit X auch X' eine Lösung von (1) ist.

Wenn also $e^{\lambda_i t} P(t)$ eine Lösung von (1) ist, so gilt das auch für $e^{\lambda_i t} (\lambda_i P(t) + P'(t))$ und damit auch für $e^{\lambda_i t} P'(t)$. Eine Lösung von (1) der Form $e^{\lambda_i t} P(t)$ mit $- \exists\, Q(t)$ $[e^{\lambda_i t} Q(t)$ Lösung und $Q'(t) = P(t)]$ heißt *Eigenlösung* von (1) relativ zu λ_i. Die Lösungen $e^{\lambda_i t} P'(t)$, $e^{\lambda_i t} P''(t), \ldots$ nennt man, wenn sie nicht identisch Null sind, die zur Eigenlösung $e^{\lambda_i t} P(t)$ *assoziierten* (zugeordneten) *Lösungen.*

Wir wollen zeigen, daß man für den Lösungsunterraum der Form $e^{\lambda_i t} P(t)$ eine Basis finden kann, die aus den Eigenlösungen und deren assoziierten Lösungen besteht.

Wir betrachten eine beliebige Basis dieses Raumes:

$$e^{\lambda_i t} P_{i,1}(t), \quad e^{\lambda_i t} P_{i,2}(t), \ldots, e^{\lambda_i t} P_{i,r_i}(t),$$

welche die folgenden Eigenschaften besitzt:

Die Summe der Grade derjenigen Polynomvektoren $P_{i,1}(t)$, $P_{i,2}(t)$, die nicht Ableitung eines anderen solchen Vektors sind, ist so klein als möglich. Die Basis besteht aus den Eigenlösungen und deren assoziierten Lösungen.

Es sei nämlich

$$e^{\lambda_i t} P'_{i,1} = \sum_j k_j \, e^{\lambda_i t} \, P_{i,j}.$$

Wenn die rechte Gleichungsseite mehrere Terme enthält, so wählen wir einen davon, etwa $e^{\lambda_i t} P_{i,2}$. Dann kann man $e^{\lambda_i t} P_{i,2}$ in der Basis durch $e^{\lambda_i t} P'_{i,1}$ ersetzen und dadurch die Summe der Grade vermindern, was ein Widerspruch ist.

Der Ausdruck auf der rechten Seite enthält also nur einen Term, also gehört $e^{\lambda_i t} P'_{i,1}$ bis auf einen entsprechenden Faktor zur Basis. Auf dieselbe Weise zeigt man, daß die Ausdrücke $e^{\lambda_i t} P^{(\alpha)}_{i,j}$ (bis auf einen Faktor) zur Basis gehören, außer sie sind identisch Null.

Übung 15. Das System (1) sei die kanonische Form einer Gleichung n-ter Ordnung. Man zeige, daß zu jedem Eigenwert nur eine Eigenlösung existiert.

Übung 16. Man zeige, daß die Zahl der Eigenlösungen, die in einer wie oben definierten Basis erscheinen, gleich der Dimension des Unterraumes ist, der von den zum Eigenwert λ_r gehörenden Eigenvektoren von A aufgespannt wird.

9.4. *Eindeutigkeit der Grade*

Für das System

$$X' = AX \tag{1}$$

seien

$$e^{\lambda_i t} \, P_{1,1} \cdots e^{\lambda_i t} \, P_{1,s}$$
$$e^{\lambda_i t} \, Q_{1,1} \cdots e^{\lambda_i t} \, Q_{1,s'}$$

zwei Familien von Eigenlösungen, von denen jede eine Basis des Lösungsraumes der Form $e^{\lambda_i t} P(t)$ erzeugt. Man nehme zusätzlich an, daß in jeder Familie die Numerierung so gewählt ist, daß die Folge der Grade

$$p_1 \geqq p_2 \geqq \cdots \geqq p_s$$
$$q_1 \geqq q_2 \geqq \cdots \geqq q_{s'}$$

nicht zunimmt. Die zwei Familien besitzen die folgenden Eigenschaften:

a) $Q_{1,j}$ ist eine lineare Kombination der Polynome $P_{1,k}^{(\alpha)}$, deren Grade nicht größer als q_j sind.

Wenn nämlich in einer Linearkombination auch Polynome von einem höheren Grad als q_j vorkämen, so könnte man mit Hilfe der Ableitungen $(q_j + 1)$-ter Ordnung eine lineare Beziehung zwischen den $P_{1,l}^{(\alpha)}$ mit nicht verschwindenden Koeffizienten finden, was unmöglich sein muß.

b) $s = s'$

Nach a) gibt es ebenso viele Polynome $P_{1,j}^{(\alpha)}$ vom Grade höchstens p wie Polynome $Q_{1,k}^{(\beta)}$, deren Grad höchstens p ist. Beide bilden nämlich eine Basis desselben Vektorraums.

Für den Grad 0 findet man insbesondere

$$s = s'.$$

c) $p_i = q_i$

Wir führen dieselbe Überlegung weiter

Die Menge der $P_{1,j}^{(\alpha)}$ und die Menge der $Q_{1,k}^{(\beta)}$ müssen dieselbe Anzahl von Polynomen enthalten, deren Grad höchstens gleich p ist, und somit auch dieselbe Anzahl von Polynomen mit dem Grad p. Das heißt, die Mengen der $P_{1,j}$ und der $Q_{1,k}$ müssen dieselbe Anzahl von Polynomen vom Grade mindestens p und somit dieselbe Anzahl von Polynomen vom Grade p enthalten.

9.5. *Die Praxis der Lösung von Systemen*

In der Praxis geht man bei der Lösung eines homogenen Systems (das nicht notwendigerweise in kanonischer Form vorliegen muß), dessen unbekannter Vektor X ist, auf die folgende Weise vor. Man sucht die charakteristischen Wurzeln des Systems. λ sei eine davon und r ihre Multiplizität. Man sucht vorerst die exponentiellen Lösungen auf:

$$X = \frac{K_0}{0!} e^{\lambda t}. \tag{1}$$

Es sei $s_0 \leqq r$ die Zahl der linear unabhängigen derartigen Lösungen. Wenn $s_0 < r$, so sucht man hierauf die Lösungen der Form

$$X = \left(\frac{K_0^{(1)} t}{1!} + \frac{K_1}{0!}\right) e^{\lambda t}. \tag{2}$$

Die Größen $K_0^{(1)}$ erzeugen einen Unterraum der durch die K_0 erzeugten Menge.

Kombiniert man die Lösungen (1) und (2), so findet man eine Bedingung für die Größen K_1. Ein bequemer Weg ist der folgende. Man wählt für die K_0 s_0 linear unabhängige Komponenten und verlangt von K_1, daß diese s_0 Komponenten Null sind.

Es sei s_1 die Anzahl der linear unabhängigen derartigen Lösungen, $s_1 + s_0 \leqq r$. Wenn $s_1 + s_0 < r$, so sucht man nach Lösungen der Form

$$\left(\frac{K_0^{(2)} t^2}{2!} + \frac{K_1^{(2)} t}{1!} + K_2\right) e^{\lambda t}.$$

Die $K_0^{(2)}$ erzeugen einen Unterraum des Raumes der K_0. $K_1^{(2)}$ erzeugen einen Unterraum des Raumes der K_1. Man kann verlangen, daß s_1 Komponenten davon gleich Null sind (die entsprechenden Komponenten von $K_0^{(1)}$ müssen linear unabhängig sein). Von K_2 kann man verlangen, daß dieselben s_0 Komponenten wie bei K_1 gleich Null sind. Auf diese Art fährt man fort, bis man r linear unabhängige Lösungen gefunden hat.

Übung 17. Man löse mit Hilfe der obigen Methode

$$y'' = 4y' + 4y = 0.$$

Übung 18. Man löse das Differentialgleichungssystem

$$\begin{aligned} x' &= -10x - 4y - 2z \\ y' &= -5x - 8y + 6z \\ z' &= -4y - 12z. \end{aligned}$$

10.1. Stabiles System

Ein Differentialgleichungssystem heißt *stabil*, wenn alle Wurzeln seiner charakteristischen Gleichung einen negativen Realteil besitzen. Dieser Fall ist bei physikalischen Systemen sehr häufig.

10.2. Verhalten eines stabilen Systems im Unendlichen

Die Lösungen eines stabilen Systems sind Summen von Ausdrücken der Form $P(t)\,e^{-\lambda t}e^{ti\mu}$, $\lambda > 0$. Ein derartiger Ausdruck geht für $t \to +\infty$ gegen 0.

Also gilt: Jede Lösung eines stabilen Systems geht gegen Null, wenn t unbeschränkt wächst.

Übung 19. Man gebe die Bedingungen dafür an, daß die Gleichung

$$y'' + by' + cy = 0$$

stabil ist.

Aufgabe 2

Die Bewegungen dreier gekoppelter Oszillatoren sind durch das folgende Differentialgleichungssystem gegeben:

$$\begin{aligned} y_1'' + \omega^2 y_1 &= K^2 y_2 \\ y_2'' + \omega^2 y_2 &= K^2 (y_1 + y_3) \\ y_3'' + \omega^2 y_3 &= K^2 y_2. \end{aligned}$$

Dabei sind ω und K positive Konstante mit $\omega^2 > \sqrt{2}\, K^2$.

a) Man schreibe das allgemeine Integral des Systems an.

b) Man gebe die Bedingungen dafür an, daß das System eine Bewegung mit der Frequenz ω ausführt und beschreibe diese Bewegung.

c) Man bestimme die relativen Phasen der y_i bei den anderen sinusförmigen Bewegungen.

d) Man zeige, daß sich positive Zahlen α_1, α_2, α_3 so bestimmen lassen, daß

$$y := \frac{\alpha_1 y_1 + \alpha_2 y_2 + \alpha_3 y_3}{\alpha_1 + \alpha_2 + \alpha_3}$$

für beliebige Bewegungen des Systems eine einzige Schwingung darstellt. Welche Schwingung ist dies? Wie ist ihre Lage bezüglich der anderen?

e) Was bedeutet die Bedingung $\omega^2 > \sqrt{2}\, K^2$? Was tritt ein, wenn sie nicht erfüllt ist?

f) Man untersuche insbesondere den Fall $\omega^2 = \sqrt{2}\, K^2$. Ist das System in diesem Fall stabil?

Aufgabe 3

Man betrachte eine Differentialgleichung der Ordnung n, deren charakteristische Gleichung eine mehrfache Wurzel r_1 mit der Multiplizität p besitzt. Das charakteristische Polynom läßt sich somit in der Form $(\alpha - r_1)^p\, \varphi(\alpha)$ schreiben.

a) A sei ein Operator mit der Impedanz $(\alpha - r_1)$.

Man zeige, daß die Funktionen y mit $A^i y = 0$, $i := 1, 2, \ldots, p$, Lösungen der vorgelegten Gleichung sind.

b) $P_i(t)$ bezeichne ein Polynom vom Grade i. Man zeige, daß

$$A\big(P_i(t)e^{r_1 t}\big) = P_i'(t)e^{r_1 t}.$$

Man leite daraus ab, daß die Lösungen von

$$A^q y = 0$$

durch $P_{q-1}(t)e^{r_1 t}$ gegeben sind.

c) Man konstruiere ein System, das eine mehrfache charakteristische Wurzel r_1 der Multiplizität p besitzt, und eine Menge von p linear unabhängigen Lösungen, die enthält:

$$p_0 \text{ Lösungen } P_0 e^{r_1 t}$$
$$p_1 \text{ Lösungen } P_1(t) e^{r_1 t}$$
$$p_k \text{ Lösungen } P_k(t) e^{r_1 t}$$

mit $p_0 \geqq p_1 \geqq \cdots \geqq p_k. \quad \sum_0^k p_i = p$

Der Grad jedes Polynoms sei gleich seinem Index.

d) Man zeige, daß die Lösungen des inhomogenen Systems der Ordnung n

$$X' = AX + P(t)e^{\alpha_0 t}, \tag{1}$$

wobei $P(t)$ einen Polynomvektor vom Grad p bedeutet, die Werte gewisser Unbekannter eines homogenen Systems erster Ordnung $n + p + 1$ sind.

e) Man zeige, daß die charakteristische Gleichung des neuen Systems gleich der mit $(\alpha_0 - \alpha)^{p+1}$ multiplizierten charakteristischen Gleichung von $X' = AX$ ist.

f) Man schließe daraus, daß das System (1) eine partikuläre Lösung der Form $Q(t)\,e^{\alpha_0 t}$ besitzt. Man zeige, daß wenn α_0 eine Wurzel der charakteristischen Gleichung von $X' = AX$ der Multiplizität m ist ($m := 0$ wenn α_0 keine Wurzel ist), der Grad von $Q(t)$ zwischen p und $p + m$ liegt.

Aufgabe 4

a) Man betrachte das System

$$Ay + Bz = 0$$
$$Cy + Dz = 0,$$

wobei A, B, C und D Operatoren mit konstanten Koeffizienten sind.

Man nehme an, daß A und B einen gemeinsamen Faktor haben:

$$A = EA', \qquad B = EB'.$$

Auf welche Weise vereinfacht dies die Integration des Systems?

b) Läßt sich das Vorausgehende auch auf Operatoren mit variablen Koeffizienten anwenden?

c) A und E seien Operatoren erster Ordnung mit variablen Koeffizienten. Unter welchen Bedingungen existiert ein Operator A_1 mit

$$AE = EA_1?$$

Aufgabe 5

Man betrachte das System in Matrixform

$$X^{(n)} = AX,$$

A sei eine konstante Matrix.

a) Läßt sich das System durch eine lineare Transformation der unbekannten Funktionen auf die Form

$$Y^{(n)} = \Delta Y$$

bringen, wobei Δ eine Diagonalmatrix bedeuten soll?

b) Man behandle vollständig den Fall

$$\begin{aligned} x'' &= -x + y + z \\ y'' &= x - y + z \\ z'' &= x + y - z. \end{aligned}$$

Aufgabe 6

a) Man betrachte das System mit konstanten reellen Koeffizienten

$$\left.\begin{aligned} \frac{dx}{dt} &= ax + by \\ \frac{dy}{dt} &= cx + dy \end{aligned}\right\} \quad \text{mit } ad - bc \neq 0 \qquad (1)$$

und die Gleichung erster Ordnung

$$\frac{dy}{dx} = \frac{cx + dy}{ax + by}. \tag{2}$$

Welche Relation läßt sich zwischen der Integration von (1) und der von (2) finden?

b) Man leite daraus den Verlauf der Integralkurven von (2) in der Umgebung der singulären Punkte in den folgenden Fällen ab:

α) $a := 0$ $c := d := 1$ $b := 2$
β) $a := 0$ $c := -1$ $d := 3$ $b .= 2$
γ) $a := d := 1$ $b := c := 0$
δ) $a := b := d := 1$ $c := 0$
ε) $a := 1$ $d := -1$ $b .= 2$ $c .= -1$
φ) $a := +1$ $b := -1$ $c := +1$ $d := +1$

4. Isomorphe Antwort

11 1. Admittanzen

Es handle sich um das System

$$\boxed{\begin{aligned} ay'' + by' + cy + dz'' + ez' + fz &= \exp \alpha t \\ a_1y'' + b_1y' + c_1y + d_1z'' + e_1z' + f_1z &= 0 \end{aligned}}$$

Wir wollen untersuchen, ob das System eine Lösung der Form

$$\boxed{\begin{aligned} y &:= y_1 \exp \alpha t \\ z &:= z_1 \exp \alpha t \end{aligned}}$$

besitzt. Man erhält dafür die Bedingungen

$$y_1(a\alpha^2 + b\alpha + c) + z_1(d\alpha^2 + e\alpha + f) = 1$$
$$y_1(a_1\alpha^2 + b_1\alpha + c_1) + z_1(d_1\alpha^2 + e_1\alpha + f_1) = 0$$

oder, wenn man durch A die Matrix der Impedanzen bezeichnet und setzt

$$Y_1 := \begin{Vmatrix} y_1 \\ z_1 \end{Vmatrix},$$

die Bedingung

$$\boxed{A\,Y_1 = \begin{Vmatrix} 1 \\ 0 \end{Vmatrix}}$$

Die Lösung existiert, vorausgesetzt, daß α keine Wurzel der charakteristischen Gleichung ist. y_1 und z_1 heißen *Admittanzen* bezüglich der ersten Gleichung, bezüglich der zweiten Gleichung handelt es sich um unbekannte Funktionen. Der Vektor Y_1 heißt *Admittanzvektor* bezüglich der ersten Gleichung.

Auch bezüglich der zweiten Gleichung lassen sich Admittanzen definieren. Es genügt, wenn man dazu die rechten Seiten in der ersten Gleichung Null setzt, die rechten Seiten in der zweiten Gleichung aber $\exp \alpha t$.

Die Admittanzen sind rationale Ausdrücke in α.

11.2. Admittanzmatrix

Die Matrix B, deren Spalten die zwei Antwortvektoren Y_1, Y_2 sind, heißt *Admittanzmatrix*. Es handelt sich dabei um die zur Impedanzmatrix inverse Matrix.

Es gilt nämlich

$$A\,Y_1 = \begin{Vmatrix} 1 \\ 0 \end{Vmatrix} \qquad A\,Y_2 = \begin{Vmatrix} 0 \\ 1 \end{Vmatrix}. \qquad \text{Also } AB = I.$$

Was die Admittanzen betrifft, so muß man sich vor einer schwerwiegenden Verwechslung hüten. Wenn das System nur eine unbekannte Funktion enthält, reduziert sich die Impedanzmatrix auf einen Skalar, und somit auch die Admittanzmatrix. Die Impedanz ist dann der reziproke Wert der Admittanz. Aber im allgemeinen Fall ist die Impedanzmatrix nicht die aus den reziproken Werten der Admittanzen gebildete Matrix.

11.3 Isomorphe Lösung

Für das System aus 11.1 mit den rechten Seiten $u_1 e^{\alpha t}$, $u_2 e^{\alpha t}$ erhält man die partikuläre Lösung

$$B \left\| \begin{matrix} u_1 \\ u_2 \end{matrix} \right\| e^{\alpha t}.$$

Diese Lösung heißt *isomorphe Lösung* des Differentialgleichungssystems.

12.1. Physikalische Bedeutung der isomorphen Lösung

Wie betrachten ein stabiles Differentialgleichungssystem und dazu die isomorphe Lösung auf inhomogene Terme der Form $e^{i\omega t}$. Die allgemeine Lösung des vollständigen Systems ergibt sich durch

$$K e^{i\omega t} + \text{Lösung des homogenen Systems.}$$

Wenn t gegen unendlich geht, so strebt die Lösung des homogenen Systems gegen 0. Die Lösung unterscheidet sich somit sehr wenig von $K e^{i\omega t}$. Für ein derartiges System ist der Zustand nach „hinreichend langer" Zeit praktisch unabhängig von den Anfangsbedingungen.

Bemerkung. Die „hinreichend lange" Zeit kann physikalisch gemessen sehr kurz sein.

13.1. Komplexe Methode

Es handle sich um das System

$$\boxed{\begin{aligned} &ay'' + by' + cy + dz'' + ez' + fz \\ &\quad = A \exp \alpha t \cos (\beta t + \varphi) \\ &a_1y'' + b_1\gamma' + c_1y + d_1z'' + e_1z' + f_1z = 0 \end{aligned}}$$

mit den reellen Koeffizienten $a, b, \ldots, f_1, \alpha, \beta, A$.

Wie in 3.2 kann man $A \exp \alpha t \cos (\beta t + \varphi)$ als Realteil von $A \exp \big(\alpha t + i(\beta t + \varphi)\big)$ auffassen.

Da alle Koeffizienten reell sind, ist natürlich der Realteil einer Lösung von

$$\begin{aligned} &ay'' + by' + cy + dz'' + ez' + fz \\ &\quad = A \exp \big(\alpha t + i(\beta t + \varphi)\big) \\ &a_1y'' + b_1y' + c_1y + d_1z'' + e_1z' + f_1z = 0 \end{aligned}$$

eine Lösung des ursprünglichen Systems.

In den vorhergehenden Paragraphen wurde jedoch beschrieben, wie man eine partikuläre Lösung eines Systems mit exponentieller rechter Seite findet.

13.2. Beispiel

Es sei eine partikuläre Lösung von

$$y'' + 2y' + 2y = \cos t$$

zu finden. Die Gleichung

$$y'' + 2y' + 2y = \exp it$$

hat die partikuläre Lösung

$$\frac{\exp it}{i^2 + 2i + 2} = \frac{\exp it}{1 + 2i}.$$

Die vorgelegte Gleichung besitzt also die Lösung

$$\mathscr{R}\left(\frac{\exp it}{1+2i}\right) = \frac{\cos t + 2\sin t}{5}$$

Übung 20. Man finde die allgemeine Lösung von

$$y'' + 4y' + 3y = A\cos\omega t.$$

Übung 21. Man löse das Differentialgleichungssystem

$$\begin{aligned} y' &= 3z - y \\ z' &= z + y + e^x \end{aligned}$$

Übung 22. Man löse das Differentialgleichungssystem

$$\begin{aligned} x' &= 2x + 4y + \cos t \\ y' + x + 2y &= \sin t \end{aligned}$$

Übung 23. Man finde eine partikuläre Lösung des Differentialgleichungssystems

$$\begin{aligned} x' &= y + 4z + e^{2t} \\ y' &= z + e^{-t} \\ z' &= x + z + e^t \end{aligned}$$

Übung 24. Man löse das Differentialgleichungssystem

$$\begin{aligned} x' + 5x + y &= e^t \\ y' - x + 3y &= e^{2t} \end{aligned}$$

Übung 25. Man löse das Differentialgleichungssystem

$$\begin{aligned} u' &= 7u + 4w + 3\exp 3t \\ v' &= 16u - v + 8w \\ w' &= -8u - 5w \end{aligned}$$

Übung 26. Man löse das Differentialgleichungssystem

$$x' = x - y + \exp 2t$$
$$y' = x + 3y + \exp 2t$$

Aufgabe 7

Man löse das System

$$y'' - 2y' - z = t^2 e^t$$
$$z'' + 2y' - y = t^2$$

Aufgabe 8

Man löse das Differentialgleichungssystem

$$x' = 2x + 5y + \cos 2t$$
$$y' = -x - 2y + \sin t$$

Aufgabe 9

Man betrachte die Differentialgleichung

$$y'' + y = \tan x.$$

a) Man schreibe die kanonische Form an.

b) Man gebe das allgemeine Integral an und das Integral, das die Anfangsbedingung

$$y(0) := 0, \qquad y'(0) := 0$$

berücksichtigt (diese Lösung ist eine Kombination elementarer Funktionen).

Aufgabe 10

Man betrachte die Differentialgleichung

$$y'' + by = 0.$$

a) Man zeige, daß für zwei Lösungen y_1 und y_2 dieser Gleichung der Ausdruck $y_1 y_2' - y_2 y$ eine Konstante ist.

b) Es handle sich nun um die Gleichung

$$y''(x) + by(x) = f_\varepsilon(x, \zeta),$$

wobei $f_\varepsilon(x, \zeta)$ eine Stoßfunktion bezüglich der Abszisse $\zeta \in [0, 1]$ sein soll.

Man gebe mit Hilfe des allgemeinen Integrals der homogenen Gleichung die Lösung der Gleichung an, die man erhält, wenn man ε gegen 0 gehen läßt. Die Lösung soll den Randbedingungen

$$y(0) := 0, \qquad y(1) := 0$$

genügen. Man bezeichne die Lösungsfunktion mit $G(x, \zeta)$.

c) Man zeige, daß

$$G(x, \zeta) = G(\zeta, x)$$

und untersuche die Unstetigkeitsstellen dieser Funktion zweier Variabler $G(x, \zeta)$ und der Ableitung $G'_x(x, \zeta)$.

d) Man zeige, daß $\int_0^1 G(x, \zeta)\, \varphi(\zeta)\, d\zeta$ eine Lösung von

$$y''(x) + by(x) = \varphi(x)$$

ist, die den Randbedingungen

$$y(0) := 0, \qquad y(1) := 0$$

genügt.

e) Bleibt das obige Ergebnis gültig, wenn b keine Konstante, sondern eine Funktion von x ist?

Aufgabe 11

$x(t)$ und $y(t)$ sind die Koordinaten eines beweglichen Punktes $M(t)$. $x(t)$ und $y(t)$ genügen dem Differentialgleichungssystem

$$\begin{aligned} x' &= (2 - \sin 2t)x - (1 - \cos 2t)y \\ y' &= (1 + \cos 2t)x + (2 + \sin 2t)y \end{aligned} \qquad (1)$$

a) Man zeige, daß die Komponenten von $\overrightarrow{OO}(t)$ auf zwei senkrechten Achsen $\overrightarrow{Ou}$ und $\overrightarrow{Ov}$, die sich so drehen, daß gilt $(\overrightarrow{Ox}, \overrightarrow{Ou}) = t$, einem linearen Gleichungssystem mit konstanten Koeffizienten genügen. Es sei (2) dieses System.

b) Man löse das System (2) und schließe daraus auf die Lösung des Systems (1).

c) Man schreibe die Resolvente dieses Systems an.

d) Man finde die Lösung des folgenden Systems:

$$\begin{aligned} x' &= (2 - \sin 2t)x - (1 - \cos 2t)y + f_\varepsilon(t) \\ y' &= (1 + \cos 2t)x + (2 + \sin 2t)y, \end{aligned}$$

wobei $f_\varepsilon(t)$ eine Stoßfunktion mit der Abszisse 0 ist.

α) Wenn $x := 0 \qquad y := 0 \qquad$ für $t < 0$

β) Wenn $x := e^t(\cos t + \sin t)$
$y := e^t(\sin t - \cos t) \qquad$ für $t < 0$

Aufgabe 12

Man betrachte die Gleichung

$$y''(t) + y(t - T) = f(t). \tag{E}$$

a) Man erkläre mit wenigen Worten, warum es sich dabei um keine Differentialgleichung handelt.

Man erkläre in wenigen Worten, warum diese Gleichung das Attribut *linear* verdient (oder nicht verdient):

α) wegen ihrer Form;

β) wegen der Existenz eines Superpositionsprinzipes (das man formuliere, falls es existiert).

b) Man nehme an, daß die Funktion $f(t)$ für $t \geqq 0$ stetig ist. Man zeige, daß die Gleichung (E) eine und nur eine Lösung besitzt, die stetig ist, für $t \geqq 0$ eine stetige

Ableitung hat und für $0 \leqq t \leqq T$

$$y(t) = \varphi(t)$$

mit einer gegebenen Funktion $\varphi(t)$ erfüllt.

c) Man setze $f(t) := 0$. Man finde für die so vereinfachte Gleichung (E) Lösungen der Form e^{rt}. Man zeige, daß keiner der Werte von r reell ist.

d) Man zeige, wenn T variiert, so bleiben die komplexen Werte von r auf einer Kurve, deren Gleichung man angebe.

Lösungen der Übungen aus Kapitel IV

1. a) Evident. Ω ist mit sich selbst vertauschbar.

b) $\Omega := \dfrac{d}{dt}$

2. $12e^{2t}$, 0

3. a) $e^{\lambda t}\big(P(t)(\alpha^2 + 3\alpha + 2) + P'(t)(2\alpha + 3) + P''(t)\big)$

b) Diese von $P(t)$, ausgenommen $\alpha^2 + 3\alpha + 2 = 0$.

4. $3(\cos t - \sin t)$, $\quad e^t(4\cos 2t - 10\sin 2t)$.

5. Für die vorgelegte Gleichung $\alpha^2 + 3\alpha^2 + 2 = 0$.

$$y' = z \quad \begin{vmatrix} \alpha & -1 \\ 2 & \alpha + 3 \end{vmatrix} = 0, \quad \text{hieraus} \begin{vmatrix} -\alpha & 1 \\ -2 & -\alpha - 3 \end{vmatrix} = 0$$

6. $\begin{aligned} y' &= z \\ z' &= -3y - 4z \end{aligned} \qquad \alpha^2 + 4\alpha + 3 = 0$

$$\frac{r_1 := -1 \quad r_2 := -3}{\left\|\begin{matrix} 1 \\ -1 \end{matrix}\right\| \quad \left\|\begin{matrix} 1 \\ -3 \end{matrix}\right\|} \qquad \begin{aligned} y &= Ae^{-t} + Be^{-3t} \\ z &= -Ae^{-t} - 3Be^{-3t} \end{aligned}$$

7. $$\left\|\begin{matrix} y_1 \\ y_2 \\ y_3 \end{matrix}\right\| = k_1 \left\|\begin{matrix} 1 \\ 1 \\ 1 \end{matrix}\right\| e^{6t} + k_2 \left\|\begin{matrix} 1 \\ 0 \\ -1 \end{matrix}\right\| e^{12t} + k_3 \left\|\begin{matrix} 1 \\ -2 \\ 1 \end{matrix}\right\| e^{18t}$$

8. $$x = Ae^{-t} + Be^{-2t} + Ce^{3t}$$
$$y = Ae^{-t} + \frac{2}{5}Be^{-2t} + \frac{1}{5}Ce^{3t}$$
$$z = Ae^{-t} + \frac{4}{5}Be^{-2t} - \frac{3}{5}Ce^{3t}$$

9. $$y = Ae^{-x/2}\cos\frac{x\sqrt{3}}{2} + Be^{-x/2}\sin\frac{x\sqrt{3}}{2}$$
$$7z = (B\sqrt{3} - 2A)e^{-x/2}\cos\frac{x\sqrt{3}}{2} - (A\sqrt{3} + 2B)e^{-x/2}\sin\frac{x\sqrt{3}}{2}$$

10. $$x = a\cos 2t + b\sin 2t + c\,e^{2t} + d\,e^{-2t}$$
$$y = -a\cos 2t - b\sin 2t + c\,e^{2t} + d\,e^{-2t}$$
$$z = -b\cos 2t + a\sin 2t + c\,e^{2t} - d\,e^{-2t}$$

11. $$\left\|\begin{matrix} y_1 \\ y_2 \\ y_3 \end{matrix}\right\| = k_1 \left\|\begin{matrix} 1 \\ 0 \\ -2 \end{matrix}\right\| e^{6t} + k_2 \left\|\begin{matrix} 1 \\ -1 \\ 1 \end{matrix}\right\| e^{-6t} + k_3 \left\|\begin{matrix} 1 \\ 1 \\ 1 \end{matrix}\right\|$$

12. Die $e^{\lambda_i t} P_i$ erzeugen einen Raum der Dimension r_i. $\sum r_i = n$, also
$$\sum e^{\lambda_i t} P_i = 0 \Rightarrow P_i = 0$$
$$\sum e^{\lambda_i t} P_i = \sum e^{\lambda_i t} Q_i \Leftrightarrow \sum e^{\lambda_i t} (P_i - Q_i) = 0$$

13. Jeder Raum hat die Dimension 1. $P_i(t)$ ist für jedes i konstant.

14. K sei die Spalte der Koeffizienten der Terme von $P(t)$ mit dem höchsten Grad. $K e^{\lambda_i t}$ ist eine Lösung des Systems, also ist K ein Eigenvektor.

15. Wenn $\Omega y = 0$ die Lösung $p(t)\,e^{\lambda_i t}$ besitzt, so gibt es Lösungen $e^{\lambda_i t}, t\,e^{\lambda_i t}, \ldots, t^\alpha e^{\lambda_i t}$, wobei α der Grad von

$p(t)$ ist. Der einzige Weg, r_1 linear unabhängige Lösungen zu finden, besteht darin, daß man $\alpha := r_1 - 1$ setzt.

16. Der Koeffizientenvektor der Glieder höchsten Grades einer Eigenlösung ist ein Eigenvektor.

Jeder Eigenvektor liefert mindestens eine Eigenlösung. Diese nicht unabhängigen Eigenvektoren liefern Eigenlösungen, deren Angaben durch mindestens eine Relation verknüpft sind.

Die Lösungen, deren Ableitungen durch eine Relation verknüpft sind, ergeben nicht unabhängige Eigenvektoren.

17. Zweifache charakteristische Wurzel -2

$$y = (ct + d)e^{-2t}.$$

In kanonischer Form

$$y' = z$$
$$z' = -4z - 4y$$

$$y = e^{-2t} \qquad\qquad y = t\,e^{-2t}$$
$$z = -2e^{-2t} \qquad\qquad z = (1 - 2t)e^{-2t}$$

18. $$e^{-10t}\begin{Vmatrix} 2 \\ -1 \\ 2 \end{Vmatrix}, \quad e^{-10t}\begin{Vmatrix} 2t \\ -t - \dfrac{1}{2} \\ 2t \end{Vmatrix},$$

$$e^{-10t}\begin{Vmatrix} t^2 \\ -\dfrac{t^2}{2} - \dfrac{t}{2} - \dfrac{1}{5} \\ t^2 - \dfrac{1}{10} \end{Vmatrix}$$

19. $b > 0$, wenn $b^2 - 4c \leqq 0$.

$b > 0$ und $c > 0$, wenn $b^2 - 4c > 0$ (man zeichne das Schaubild in der bc-Ebene), schließlich $b > 0$ und $c > 0$.

20. $$Pe^{-3t} + Q\,e^{-t} + A\mathcal{R}\left(\frac{e^{i\omega t}}{3 + 4i\omega - \omega^2}\right)$$

$$\mathcal{R}\left(\frac{e^{i\omega t}}{3 + 4i\omega - \omega^2}\right) = \frac{(3 - \omega^2)\cos\omega t + 4\omega\sin\omega t}{9 + 10\omega^2 + \omega^4}$$

21. $$y = A\,e^{2x} + B\,e^{-2x} - e^x$$
$$z = A\,e^{2x} - \frac{B}{3}\,e^{-2x} - \frac{2}{3}\,e^x$$

22. $$x = A(1 + 2t) - 2B - 2\cos t - 3\sin t$$
$$y = -At + B + 2\sin t$$

23. $$x = -\frac{2}{5}\,e^{2t} - 2e^{-t} - e^t$$
$$y = -\frac{1}{5}\,e^{2t} - 2e^{-t} - \frac{1}{5}\,e^t$$
$$z = -\frac{2}{5}\,e^{2t} + e^{-t} - \frac{1}{5}\,e^t$$

24. $$x = (A + Bt)\,e^{-4t} + \frac{4}{25}\,e^t - \frac{1}{36}\,e^{2t}$$
$$y = -(A + B + Bt)\,e^{-4t} + \frac{1}{25}\,e^t + \frac{7}{36}\,e^{2t}$$

25. $$\left\|\begin{matrix} u \\ v \\ w \end{matrix}\right\| = \left\{\left\|\begin{matrix} 6t - \frac{1}{4} \\ 12t - 2 \\ -6t + 1 \end{matrix}\right\| + \alpha_1 \left\|\begin{matrix} 1 \\ 2 \\ -1 \end{matrix}\right\|\right\}\exp(3t)$$
$$+\left\{\alpha_2\left\|\begin{matrix} 1 \\ 0 \\ -2 \end{matrix}\right\| + \alpha_3\left\|\begin{matrix} 0 \\ 1 \\ 0 \end{matrix}\right\|\right\}\exp(-t)$$

26. $$\begin{Vmatrix} x \\ y \end{Vmatrix} = \left\{ \begin{Vmatrix} -t^2 + t \\ t^2 + t \end{Vmatrix} + \alpha_1 \begin{Vmatrix} 1 \\ -1 \end{Vmatrix} + \alpha_2 \begin{Vmatrix} t \\ -t-1 \end{Vmatrix} \right\} \exp 2t$$

Lösungen der Aufgaben aus Kapitel IV

Aufgabe 1

a) Die Formel reduziert sich auf die LEIBNIZsche Formel

$$(uv)^{(q)} = uv^{(q)} + qu'v^{(q-1)} + \frac{q(q-1)}{2!} u''v^{(q-2)} + \cdots$$

b) Evident auf Grund der Distributivität.

c) Es gelte zum Beispiel

$$\mathcal{M} := \begin{Vmatrix} \Omega_1 & \Omega_2 \\ \Omega_3 & \Omega_4 \end{Vmatrix} \quad \text{und} \quad K := \begin{Vmatrix} K_1 \\ K_2 \end{Vmatrix}.$$

Man hat die Formel (1) mit den Operatoren $K_1 \Omega_1 + K_2 \Omega_2$, $K_1 \Omega_3 + K_2 \Omega_4$ anzuwenden.

Aufgabe 2

a) Charakteristische Gleichung

$$\begin{vmatrix} \alpha^2 + \omega^2 & -K^2 & 0 \\ -K^2 & \alpha^2 + \omega^2 & -K^2 \\ 0 & -K^2 & \alpha^2 + \omega^2 \end{vmatrix} = 0$$

Diese liefert $\alpha^2 + \omega^2 = 0$, $(\alpha^2 + \omega^2)^2 = 2K^4$.

b) Man sucht $y_i = Y_i e^{j\omega t}$, $Y_i = \text{const}$, $i := 1, 2, 3$. Man erhält $Y_2 = 0$, $Y_3 + Y_1 = 0$.

y_2 ist Null; y_1 und y_3 besitzen dieselbe Amplitude und eine um π verschobene Phase.

c) Für $\alpha^2 = -\omega^2 - K^2\sqrt{2}$ findet man

$$Y_1\sqrt{2} + Y_2 = 0,\; Y_1 + \sqrt{2}\,Y_2 + Y_3 = 0,\; Y_2 + \sqrt{2}\,Y_3 = 0.$$

Daraus folgt

$$Y_1 = \lambda, \qquad Y_2 = -\lambda\sqrt{2}, \qquad Y_3 = \lambda.$$

Für $\alpha^2 = -\omega^2 + K^2\sqrt{2}$ findet man

$$Y_1 = \lambda, \qquad Y_2 = \lambda\sqrt{2}, \qquad Y_3 = \lambda.$$

d) Man muß die letzte der obigen Lösungen nehmen. Diese stellt die kleinste Eigenschwingung des Systems dar.

e) Die Bedingung sagt aus, daß das System nur ungedämpfte Bewegungen ausführt.

Wenn $\omega^2 > \sqrt{2}\,K^2$, so gibt es eine reelle positive charakteristische Wurzel. Das System ist instabil.

Man hat die Lösungen

$$y_1 := \lambda \qquad y_2 := \sqrt{2}\lambda \qquad y_3 := \lambda$$
$$y_1 := \mu t \qquad y_2 := \sqrt{2}\mu t \qquad y_3 := \mu t.$$

Das System ist instabil.

Aufgabe 3

a) B sei der Operator mit der Impedanz $Q(\alpha)$:

$$A^i y = 0 \rightarrow B A^p y = 0.$$

b) $A(P_i(t)\, e^{r_1 t}) = P_i' e^{r_1 t} + r_1 P_i e^{r_1 t} - r_1 P_i e^{r_1 t} = P_i' e^{r_1 t}.$

Also

$$A^q(P_{q-1}(t) e^{r_1 t}) = P_{q-1}^{(q)}(t) e^{r_1 t} = 0.$$

Diese Lösungen hängen von q willkürlichen Konstanten ab und sind linear unabhängig. Sie bilden daher ein Fundamentalsystem.

c) $A^k y_1 = 0 \quad A^k y_2 = 0 \quad A^k y_{p_k} = 0$

$$A^{k-1} y_{p_{k+1}} = 0 \quad \ldots \quad A^{k-1} y_{p_{k-1}} = 0$$

$$A y_{p_{k+1}} = 0 \qquad A y_{p_0} = 0.$$

d) Man wählt in $P(t)e^{\alpha_0 t}$ eine Komponente vom Grad p. Diese setzt man gleich y. Sie ist Lösung eines homogenen Systems der Ordnung p. Mit Hilfe von y und seinen Ableitungen kann man $P(t)e^{\alpha_0 t}$ ausdrücken. X, y, y', …, $y^{(p-1)}$ sind die Unbekannten eines homogenen Systems der Ordnung $n + p$.

e) Die Matrix des neuen Systems hat die Form

$$\begin{array}{|c|c|} \hline A & B \\ \hline 0 & C \\ \hline \end{array} \quad \text{mit} \quad \det(C - \alpha I) = (\alpha_0 - \alpha)^p.$$

Ihre charakteristische Gleichung ist

$$\det(A - \alpha I) \det(C - \alpha I) = 0.$$

f) Die von α_0 verschiedenen charakteristischen Wurzeln haben im alten und im neuen System dieselbe Multiplizität. Sie geben die Lösungen des alten homogenen Systems und $y = 0$.

Es existiert eine Lösung des neuen Systems, in der y den unter d) gefundenen Wert besitzt. Diese Lösung hat höchstens den Grad $m + p$. Sie liefert für X einen Lösungsvektor, dessen Grad mindestens p ist, wenn $X' - AX$ nicht einen kleineren Grad als p hat.

Aufgabe 4

a) Es genügt zu lösen

$$A'y + B'z = u$$

$$Cy + Dz = 0$$

$$Eu = 0, \text{ das System zerfällt.}$$

b) Ja, vorausgesetzt, daß E ein linker Faktor ist.

c) Das ist im allgemeinen unmöglich. Man findet für

$$A = \alpha \frac{d}{dt} + \beta \cdot \qquad A_1 = \alpha_1 \frac{d}{dt} + \beta_1 \cdot$$

$$E = \gamma \frac{d}{dt} + \varphi \cdot \qquad \alpha_1 = \alpha$$

und zwei Bedingungen für β_1.

Aufgabe 5

a) H sei eine Matrix von Eigenvektoren:

Man setze

$$X = H\,Y, \qquad X' = H\,Y'.$$

Daraus folgt

$$Y' = H^{-1} A H\, Y, \qquad H^{-1} A H = \Delta .$$

Die Operation ist möglich, wenn die Matrix A n linear unabhängige Eigenvektoren enthält.

b) $$\begin{vmatrix} -1-\alpha & 1 & 1 \\ 1 & -1-\alpha & -1 \\ 1 & 1 & -1-\alpha \end{vmatrix} = 0.$$

$$\alpha^3 + 3\alpha^2 - 4 = 0$$

	$\alpha := 1$	$\alpha := -2$ Doppelwurzel	
Eigenvektoren	$\begin{Vmatrix} 1 \\ 1 \\ 1 \end{Vmatrix}$	$\begin{Vmatrix} 1 \\ -1 \\ 0 \end{Vmatrix}$	$\begin{Vmatrix} 1 \\ 0 \\ -1 \end{Vmatrix}$

Daraus folgt $$X = \begin{Vmatrix} 1 & 1 & 1 \\ 1 & -1 & 0 \\ 1 & 0 & -1 \end{Vmatrix} Y.$$

Man findet als Lösung

$$X = a \begin{Vmatrix} 1 \\ 1 \\ 1 \end{Vmatrix} e^{t} + b \begin{Vmatrix} 1 \\ 1 \\ 1 \end{Vmatrix} e^{-t} + c \begin{Vmatrix} 1 \\ 0 \\ -1 \end{Vmatrix} \cos t\sqrt{2}$$

$$+ d \begin{Vmatrix} 1 \\ -1 \\ 0 \end{Vmatrix} \cos t\sqrt{2} + e \begin{Vmatrix} 1 \\ 0 \\ 0 \end{Vmatrix} \sin t\sqrt{2} + f \begin{Vmatrix} 1 \\ -1 \\ 0 \end{Vmatrix} \sin t\sqrt{2}$$

Aufgabe 6

a) Die Lösungen von (1) geben eine parametrische Darstellung der Lösungen von (2), außer wenn x konstant ist.

b) Die singulären Punkte, die einer Nullstelle eines Nenners entsprechen, sind nur die Punkte, deren Tangente parallel zur y-Achse verläuft. Der wichtige singuläre Punkt entspricht $x = y = 0$ (diese Bemerkung gilt allgemein).

α) $y' = \dfrac{x + y}{2y}$ $\qquad$ $x = -2\lambda e^{-t} + \mu e^{2t}$, $\quad y = \lambda e^{-t} + \mu e^{2t}$

Kein Integral verläuft durch den Ursprung.

β) $y' = \dfrac{-x + 3y}{2y}$ $\qquad$ $x = 2\lambda e^{t} + \mu e^{2t}$, $\quad y = \lambda e^{t} + \mu e^{2t}$

Durch den Ursprung verlaufen unendlich viele Integrale, welche die Gerade mit der Steigung 1/2 berühren ($t \to -\infty$).

γ) $y' = \dfrac{y}{x}$ $\qquad$ $x = \lambda e^{t}$, $\quad y = \mu e^{t}$

Die Integrale sind Gerade durch den Ursprung.

δ) $y' = \dfrac{y}{x + y}$ $\qquad$ $x = (\lambda t + \mu) e^{t}$, $\quad y = \lambda e^{t}$

Unendlich viele Integrale, welche die x-Achse berühren (insbesondere diese Achse selbst) $(t \to -\infty)$.

$$\varepsilon)\ y' = \frac{-x-y}{x+2y} \qquad x = \lambda \cos(t+\varphi)$$

$$y = \frac{-\lambda}{2}\bigl(\cos(t+\varphi) + \sin(t+\varphi)\bigr)$$

Kegel mit dem Zentrum im Ursprung. Durch den Ursprung verläuft kein Integral.

$$\varphi)\ \ y' = \frac{x+y}{x-y} \qquad \begin{aligned} x &= \lambda e^t \cos(t+\varphi) \\ y &= \lambda e^t \sin(t+\varphi) \end{aligned}$$

Spiralen um den Ursprung $(t \to -\infty)$.

Aufgabe 7

Lösung des homogenen Systems

$$\left\| \begin{matrix} y \\ z \end{matrix} \right\| := e^t \left(A \left\| \begin{matrix} 1 \\ -1 \end{matrix} \right\| + A' \left\| \begin{matrix} t \\ -t \end{matrix} \right\| + A'' \left\| \begin{matrix} t^2+2 \\ -t^2 \end{matrix} \right\| \right)$$

$$+ B\, e^{-t} \left\| \begin{matrix} 1 \\ 3 \end{matrix} \right\|$$

Lösung, die dem inhomogenen Term entspricht

$$\left\| \begin{matrix} 0 \\ t^2 \end{matrix} \right\|$$

$$y := \frac{\alpha t^2}{2} + \beta t + \gamma, \quad z := \frac{\alpha' t^2}{2} + \beta' t + \gamma'$$

mit

$$\begin{aligned} -\alpha' &= 0 & -\alpha &= 2 \\ -\beta' - 2\alpha &= 0 & -\beta + 2\alpha &= 0 \\ -\gamma' - 2\beta + \alpha &= 0 & -\gamma + 2\beta + \alpha' &= 0 \end{aligned}$$

Daraus folgt

$$\alpha = -2,\ \beta = -4,\ \gamma = -8,\ \alpha' = 0,\ \beta' = 4,\ \gamma' = 6.$$

Lösung, die dem Vektor

$$\begin{Vmatrix} t^2 e^t \\ 0 \end{Vmatrix}$$

entspricht:

$$y := P(t)e^t, \qquad z := Q(t)e^t$$

$$P'' - P - Q = t^2, \quad Q'' + 2Q' + 2P' + P + Q = 0$$

$$P := \alpha \frac{t^n}{n!} + \beta \frac{t^{n-1}}{n-1!} + \gamma \frac{t^{n-2}}{n-2!} + \delta \frac{t^{n-3}}{n-3!}$$

$$+ \varepsilon \frac{t^{n-4}}{n-4!} + \varphi \frac{t^{n-5}}{n-5!},$$

$$Q := \alpha' \frac{t^n}{n!} + \cdots$$

α und α' nicht zugleich 0.

In Abwesenheit des Theorems weiß man den Wert von n nicht:

$$\begin{array}{ll} -\alpha - \alpha' = & \alpha + \alpha' = 0 \\ -\beta - \beta' = & \beta + \beta' + 2\alpha + 2\alpha' = 0 \\ -\gamma - \gamma' + \alpha = & \gamma + \gamma' + 2\beta' + 2\beta + \alpha' = 0 \\ -\delta - \delta' + \beta = & \delta + \delta' + 2\gamma + 2\gamma' + \beta' = 0 \\ -\varepsilon - \varepsilon' + \gamma = & \varepsilon + \varepsilon' + 2\delta + 2\delta' + \gamma' = 0 \\ -\varphi - \varphi' + \delta = & \varphi + \varphi' + 2\varepsilon + 2\varepsilon' + \delta' = 0 \end{array}$$

Die $(n-1)$-te Gleichung der ersten Spalte hat auf der rechten Seite 2, die anderen haben auf der rechten Seite 0.

Durch Vergleich der Gleichungen desselben Ranges in beiden Spalten erkennt man, daß die drei ersten nicht eine von Null verschiedene rechte Seite haben können wegen

$$\alpha + \alpha' = 0, \qquad \beta + \beta' = 0, \qquad -\alpha' = \gamma + \gamma'.$$

Wir setzen $-\delta - \delta' + \beta = 2$ und daraus $n = 5$

$$-\varepsilon - \varepsilon' + \gamma = 0, \qquad -\varphi - \varphi' + \delta = 0.$$

Unter Berücksichtigung der Lösung des homogenen Systems kann man übrigens nehmen

$$\delta = \varepsilon = \varphi = 0.$$

Daraus leitet man ab:

$$\alpha = 1, \qquad \beta = \frac{3}{2}, \qquad \gamma = \frac{1}{4},$$

$$\alpha' = -1,\ \beta' = \frac{-3}{2},\ \gamma' = \frac{3}{4},\ \delta' = \frac{-1}{2},\ \varepsilon' = \frac{1}{4},\ \varphi' = 0.$$

Aufgabe 8

Homogenes System:

$$\begin{Vmatrix} 2-r & 5 \\ -1 & -2-r \end{Vmatrix} = 0. \qquad r^2 + 1 = 0.$$

$$\begin{matrix} x = Ae^{it} \\ y = Be^{it} \end{matrix} \Rightarrow B = \frac{i-2}{5} A$$

$$\begin{matrix} x = 5\cos t \\ y = -2\cos t - \sin t \end{matrix} \qquad \begin{matrix} x = 5\sin t \\ y = t - 2\sin t \end{matrix}$$

Terme in $\cos 2t$:

$$\begin{matrix} x := A\cos 2t + B\sin 2t \\ y := C\cos 2t + D\sin 2t \end{matrix} \Rightarrow \begin{cases} 2B = 2A + 5C + 1 \\ -2A = 2B + 5D \\ 2D + A + 2C = 0 \\ -2C + B + 2D = 0 \end{cases}$$

$$C = \frac{1}{3},\quad D = 0,\quad A = -\frac{2}{3},\quad B = \frac{2}{3}.$$

Terme in $\sin t$:

$$\begin{aligned} x &:= At\sin t + Bt\cos t \\ y &:= Ct\sin t + Dt\cos t \\ &\quad + E\sin t + F\cos t \end{aligned} \Rightarrow \begin{cases} A = 2B + 5D \\ -B = 2A + 5C \\ A = 5E \\ A = 5F \\ C + B + 2D = 0 \\ -D + A + 2C = 0 \\ C + 2E - F = 1 \\ D + E + 2F = 0 \end{cases}$$

Daraus folgt

$$A = 0,\ B = -\frac{5}{2},\ C = \frac{1}{2},\ D = 1,\ E = 0,\ F = -\frac{1}{2}.$$

Aufgabe 9

a) $y' = z$

$z' + y = \tan x$

b) $y = A\sin x + B\cos x$

$z = A\cos x - B\sin x.$

Die Methode der Variation der Konstanten liefert

$$y = A\sin x + B\cos x + \cos x \log\left|\tan\left(-\frac{x}{2} + \frac{\pi}{4}\right)\right|.$$

Für $y(0) = 0$ $y'(0) = 0$ muß man setzen

$$\sin x + \cos x \log\tan\left(-\frac{x}{2} + \frac{\pi}{4}\right)$$

Aufgabe 10

a) Wir setzen

$$\begin{aligned} v &:= y_1 y_2' - y_2 y_1' \\ v' &= y_1 y_2'' - y_2 y_1'' = 0. \end{aligned}$$

Daraus folgt das Ergebnis.

b) Es sei $y_0(x)$ eine Lösung des homogenen Systems mit $y_0(0) := 0$ und $y_1(x)$ eine Lösung mit $y_1(1) := 0$.

$$G(x, \zeta) := \begin{cases} \dfrac{y_0(x)\, y_1(\zeta)}{y_0(\zeta)\, y_1'(\zeta) - y_1(\zeta)\, y_0'(\zeta)} & \text{für } x \leqq \zeta \\[2ex] \dfrac{y_0(\zeta)\, y_1(x)}{y_0(\zeta)\, y_1'(\zeta) - y_1(\zeta)\, y_0'(\zeta)} & \text{für } x \geqq \zeta \end{cases}$$

c) Evident. Die Funktion ist stetig, jedoch besitzt $G_x'(x, \zeta)$ eine Unstetigkeit für $x = \zeta$. Dort springt die Ableitung um den Wert 1.

d) Es sei

$$v(x) := \int_0^1 G(x, \zeta)\varphi(\zeta)\, d\zeta$$

$$v(0) = 0, \text{ denn } G(0, \zeta) = 0$$

$$v(1) = 0, \text{ denn } G(1, \zeta) = 0.$$

Die erste Ableitung liefert

$$v'(x) = \int_0^1 G_x'(x, \zeta)\varphi(\zeta)\, d\zeta$$

Um nochmals ableiten zu können, muß man wegen der Unstetigkeit schreiben

$$v'(x) = \int_0^x G_x'(x, \zeta)\varphi(\zeta)\, d\zeta + \int_x^1 G_x'(x, \zeta)\varphi(\zeta)\, d\zeta.$$

Daraus ergibt sich

$$v''(x) = G_x'(x, x-0)\, \varphi(x) - G_x'(x, x+0)\, \varphi(x)$$

$$+ \int_0^1 G_{x^2}''(x, \zeta)\, \varphi(\zeta)\, d\zeta.$$

Der Ausdruck unter dem Integralzeichen ergibt $\varphi(x)$, daraus erhält man also $v'' + bv = \varphi(x)$.

e) Ja.

Aufgabe 11

a) $x = X\cos t - Y\sin t$

$y = X\sin t + Y\cos t$

$$\begin{aligned} X' &= 2X + Y \\ Y' &= X + 2Y \end{aligned} \tag{2}$$

b) Die charakteristische Gleichung lautet

$$\begin{vmatrix} 2-\alpha & 1 \\ 1 & 2-\alpha \end{vmatrix} = 0 \qquad \begin{aligned} \alpha_1 &:= 1 \\ \alpha_2 &:= 3 \end{aligned}$$

$$\begin{aligned} X &= e^t \\ Y &= -e^t \end{aligned} \qquad \begin{aligned} X &= e^{3t} \\ Y &= e^{3t} \end{aligned}$$

$$\begin{aligned} x &= e^t(\cos t + \sin t) \\ y &= e^t(\sin t - \cos t) \end{aligned} \qquad \begin{aligned} x &= e^{3t}(\cos t - \sin t) \\ y &= e^{3t}(\cos t + \sin t) \end{aligned}$$

oder kürzer

$$x = e^t\cos\left(t - \frac{\pi}{4}\right) \qquad x + -e^{3t}\sin\left(t - \frac{\pi}{4}\right)$$

$$y = e^t\sin\left(t - \frac{\pi}{4}\right) \qquad y = \quad e^{3t}\cos\left(t - \frac{\pi}{4}\right)$$

c) Zur Abkürzung setze man

$$\delta := t - \frac{\pi}{4}, \qquad \delta_0 := t_0 - \frac{\pi}{4}$$

$$M(t, t_0) := \left| \begin{array}{cc} e^{t-t_0}\cos\delta\cos\delta_0 + e^{3(t-t_0)}\sin\delta\sin\delta_0 & \begin{array}{r} e^{t-t_0}\cos\delta\sin\delta_0 \\ - e^{3(t-t_0)}\sin\delta\cos\delta_0 \end{array} \\ e^{t-t_0}\sin\delta\cos\delta_0 - e^{3(t-t_0)}\cos\delta\sin\delta_0 & \begin{array}{r} e^{t-t_0}\sin\delta\sin\delta_0 \\ + e^{3(t-t^0)3}\cos\delta\cos\delta_0 \end{array} \end{array} \right|$$

d) α) Man muß die Lösung nehmen, die

$$x(0) := 1$$

$$y(0) := 0$$

entspricht, also die erste Spalte von $M(t, t_0)$.

β) Man muß diese Spalte zur Lösung für $t < 0$ hinzufügen.

Aufgabe 12

a) Man hat gleichzeitig Funktionen von t und von $t - T$. Es existiert ein Superpositionstheorem.

b) Man kennt für $t \in [T, 2T]$ $y''(t)$ ebenso wie $y(T)$, $y'(T)$. Ebenso der Reihe nach für $t \in [kT, (k+1)T]$.

c) $r^2 + e^{-rT} = 0$.

Diese Gleichung hat keine reelle Wurzel wegen

$$r^2 \geqq 0, \qquad e^{-rT} > 0.$$

d) $x^2 + y^2 = e^{-xT}$

$$2 \operatorname{arc\,tan} \frac{y}{x} = \pi - yT$$

$$\pi + \frac{y}{x} \log (x^2 + y^2) = 2 \operatorname{arc\,tan} \frac{y}{x}.$$

Literatur

In dieser Bibliographie haben wir vor allem Werke erwähnt, von denen wir glauben, daß ihr Niveau dem vorliegenden Buch entspricht, oder in denen auf manche Einzelheiten näher eingegangen wird, ohne daß die Ausrichtung auf die Anwendung verloren geht.

Man beachte, daß bei mehrbändigen Werken alle Bände zitiert wurden, wenn in unserem Zusammenhang auch nur der Inhalt einzelner Bände von Interesse ist.

Die Autoren bewahren mit Recht eine gewisse Freiheit. Man wundere sich nicht, wenn Darstellung und Gegenstände der Darstellung des öfteren wesentlich verschieden sind. Der Studierende, an den wir uns wenden, soll sich daran nicht stoßen. Er wird aus dieser Vielfalt eher einen Nutzen ziehen.

ANGOT, Compléments de mathématiques à l'usage des ingénieurs de télécommunications. Editions de la Revue d'Optique, Paris 1957.

BASS, Cours de mathématiques. Masson, Paris 1961

BASS, Exercices de mathématiques. Masson, Paris 1965.

BOUIX, Techniques mathématiques de la physique. Hermant, Paris s. d.

CARRIER, KROOK and PEARSON, Functions of a complexe variable, theory and technic. McGraw Hill, New York 1966.

CHURCHILL, Introduction to complex variables and applications. McGraw Hill, New York 1948.

COURANT, Differential and integral calculus. I, II Blackie and Son, 1934–36.

CUNNINGHAM, Complexe variable methods in Science and Technology. Van Nostrand, London 1964.

DELTHEIL, Techniques mathématiques de la physique, I, II. Baillère, Paris 1965.

DUMAS DE RAULY, Problèmes de mathématiques. Gauthier-Villars, Paris 1963.

Korn and Korn, Mathematical Handbook for scientists and engineers. McGraw Hill, New York 1961.
Parodi, Mathématiques appliqués à l'art de l'ingénieur. I, II, III, IV, V. Sedes, Paris 1965.
Pipes, Applied mathematics for engineers and physicists. Mc Graw Hill, New York 1958.
Schelkunoff, Applied mathematics for engineers and scientists. Van Nostrand, London 1948.
Sokolnikoff and Redheffer, Mathematics of physics and modern engineering. McGraw Hill, New York 1958.
Whittaker and Watson, A course of modern analysis. Cambridge University Press 1952.
Wylie, Advanced engineering mathematics. McGraw Hill, New York 1960.

Sachverzeichnis

In der Reihe

WTB — Wissenschaftliche Taschenbücher

ist erschienen:

JEAN KUNTZMANN

Komplexe Veränderliche

Mathematische Hilfsmittel der Physik und Chemie

Mit 90 Übungen und 37 Aufgaben

Übersetzung aus dem Französischen

1970. 230 Seiten — 98 Abbildungen — 8° — Broschur

Der Autor behandelt die elementaren Funktionen von komplexen Variablen und erklärt die Differentiation und Integration von Funktionen komplexer Variabler. An vielen Aufgaben erläutert er die Theorie, um dem Studenten das Erlernen des vorher Gelesenen zu erleichtern.

Ihr Buchhändler hält alle Wissenschaftlichen Taschenbücher für Sie bereit!

Der Autor

- behandelt einführend die allgemeine Theorie der Systeme von gewöhnlichen Differentialgleichungen

- geht auf lineare Differentialgleichungssysteme und lineare Systeme mit konstanten Koeffizienten ein, wobei er hauptsächlich von deren physikalischem Ursprung ausgeht

- wendet sich in erster Linie an Physiker und Chemiker, aber gleichzeitig ist der Text auch für mathematisch interessierte Ingenieure und andere Anwender lesbar

WISSENSCHAFTLICHE TASCHENBÜCHER

FSC
www.fsc.org
MIX
Papier | Fördert gute Waldnutzung
FSC® C083411

Zeitfracht Medien GmbH
Ferdinand-Jühlke-Straße 7
99095 Erfurt, Deutschland
produktsicherheit@kolibri360.de